国家地理
动物百科全书

ANIMAL ENCYCLOPEDIA

鸟 类

水禽·猛禽

西班牙 Sol90 出版公司◎著
陈家凤◎译

山西出版传媒集团 山西人民出版社

目录

CATALOGUE

ANIMAL ENCYCLOPEDIA

国家地理视角 01

水禽 07

一般特征 08

鹈鹕及其近亲 10

国家地理特辑 15

鹳和鹭 20

红鹳 28

鸭、鹅及其近亲 30

昼猛禽	39
一般特征	40
感官	42
秃鹰、秃鹫及其近亲	44
鹰、雕及其近亲	46
捕猎训练	54
真隼及其近亲	56

森林和草原鸟	61
一般特征	62
鸡、火鸡和雉	64
鹤及其近亲	70

国家地理视角

集体行动

飞向新目的地

与许多迁徙鸟一样，大天鹅（*Cygnus cygnus*）结成大群（1000 多只）或小群进行迁徙。从水面起飞，飞至极高的高处。

分享战利品

坦桑尼亚恩戈罗恩戈罗，一群食腐鸟正吞噬着一匹斑马。黑白兀鹫（*Gyps rueppellii*）、非洲白背兀鹫（*Gyps africanus*）和非洲兀鹳（*Leptoptilos crumeniferus*）是自然环境中高效的“清洁工”。

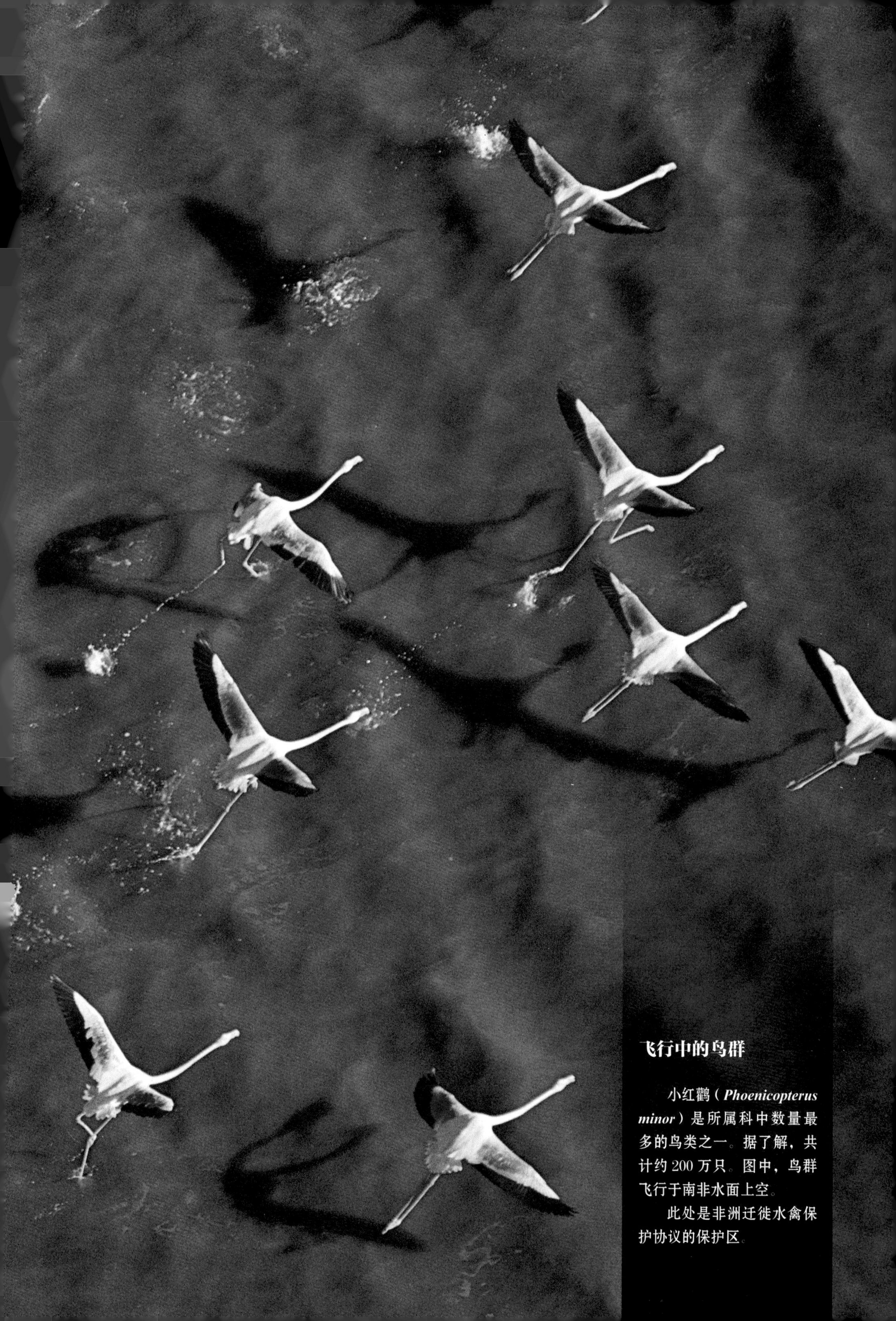

飞行中的鸟群

小红鹳（***Phoenicopterus minor***）是所属科中数量最多的鸟类之一。据了解，共计约 200 万只。图中，鸟群飞行于南非水面上空。

此处是非洲迁徙水禽保护协议的保护区。

水禽

大量水禽栖居于淡水区域或海洋环境中。从海岸处起，浮游（几乎是漂浮）或滑行于水面上。红鹳、鸭子和苍鹭等鸟类不断进化，获得了一系列适应这种环境的特征，从而在此出生、成长、觅食和繁殖。

一般特征

一些鸟类依靠水生环境来度过生命周期中的关键时期。3%的鸟类适应海洋环境，其余的则适应淡水环境，同时也有一些鸟类在每年特定时期离开河流、湖泊或潟湖到海岸上栖息。任何环境下，它们都具备巧妙而多变的适应性，对水的生态系统功能起着重要作用。

门：脊索动物门

纲：鸟纲

目：4

科：15

种：348

解剖结构

许多水禽有蹼足，即趾由膜连接，形成脚掌，这可以增强耐水性，并利于其在泥泞的土壤中行走。鸭子、海鸥和红鹳等的前三趾均由蹼连接。相反，潜鸟则每一趾间都带有蹼。鹈鹕的蹼膜还覆盖了后脚趾。而其他一些行走在泥土或水生植被中的鸟，如苍鹭、鹮和鹤，趾长，掌膜仅仅覆盖一部分脚趾。

水禽喙的形状同样也很独特，且与饮食类型有关。大部分鸭科鸟，如鸭子、天鹅和鹅，喙宽而平，横向或边缘处带薄膜层，用于过滤水和留住在泥土或海岸植被中觅得的食物（种子、植物、两栖动物和昆虫）。相反，普通秋沙鸭（*Mergu merganser*），喙窄，呈锯齿状，带钩端，有利于其捕捉小鱼。

基于如下一系列的解剖特征，水禽的特点为：长喙、灵活的颈部（有利于获得食物）及独特的细足（帮助其在捉鱼时蹚过水流）。此外，苍鹭拥有“滑石羽”，即胸部和背部处杂乱分布的“粉”状羽毛，其中的“粉”状角质使羽毛不被沾湿。

过滤系统

红鹳拥有形状独特的喙，向下呈弧形，有利于收集浑水。舌头呈活塞状，如泵一样，使浑水经过薄膜层过滤，并将水与食物颗粒进行分离。

食物过滤

1 觅食时，将头和喙伸入水中，舌头向后，从一侧向另一侧移动。

2 喙略张开，舌头搅动水，通过薄膜层过滤掉多余的颗粒。

喙横剖面图

3 通过薄片将食物（藻类、甲壳类动物等）留住，泥石则会被丢弃。

上颌

舌头

薄片

腭

支撑喙的钩

适应淤泥的特征

前趾由膜连接，形成蹼足，有利于在柔软的淤泥上行走。

运动

并非所有的水禽都擅长游水。鹳和苍鹭等用双腿在海岸上行走或在水中游涉。其他水禽则沿水面飞行，几乎不用游水，就可在水中获得食物，如鱼鹰（仅包括食鱼类）用爪子抓鱼。

鸭子借助桨一样的蹼足在水中滑动，但由于蹼足位于身体后方，因此在地面上行走时，蹼足向后晃动，甚是可爱。此外，鸭科鸟还擅长飞行，面临捕食者威胁时，会飞向空中。比如，林鸳鸯（*Aix sponsa*）沿水面“奔跑”时，速度可达 15 千米/小时，但飞行时速度可为该速度的 3~4 倍。潜水鸭和鸬鹚均依靠蹼足在水中前进。

食物

食物包括其在水中及岸上获得的鱼类、软体动物、两栖动物、藻类和植物。一些鸟类，如潜水鸭和海雀，依靠腿和翅膀的推进来觅食。其他一些鸟类，如鲣鸟，从空中俯冲入水中捉鱼。红鹳和一些鸭科鸟从水中过滤食物，鹅则进化到以草为食。苍鹭和麻鳽以各种各样的水生动物为食，它们常常在岸上或水面上等待，直至猎物准确落入喙所及的范围。

有些鸟类擅长偷抢其他鸟类的食物。最臭名昭著的“海盗”或“间接寄生物”是军舰鸟和贼鸥，它们追赶或骚扰其他海鸟（如海鸥和燕鸥）直至它们松开猎物，然后灵巧地截住食物。但是这种行为具有机遇性，相当于饮食的补充。

繁殖

繁殖频率多变。苍鹭、海鸥和鸬鹚等水禽习惯于以集群的方式筑巢，尤其是在海岸上。集群中有上百万只鸟，如此一来降低了其成为捕食者猎物的危险。比如崖海鸦（*Uria aalge*）群，每平方米可达 37 只。

爪子和游水

前进时，鸭子张开脚趾和脚掌充当桨；回到起点时，收拢脚趾和脚掌。一只蹼足向侧方推进，鸭子即可转动起来。

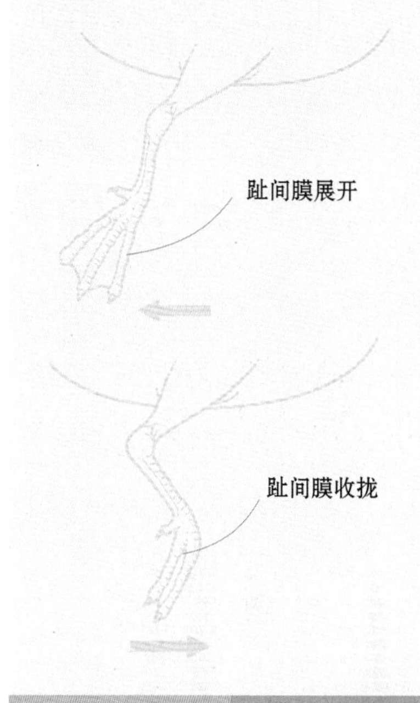

总在水周围
虽然不像其他苍鹭一样是渔鸟，但白鹭喜在水源附近筑巢。

鹈鹕及其近亲

门：脊索动物门
纲：鸟纲
目：鹈形目
科：8
种：65

大部分鹈形目鸟类栖居于海洋环境中，且遍布全球。有蹼足，带四趾，其中某些鸟喙长且大，几乎所有鸟的喉部皮肤均无羽毛覆盖，两翼大，且气囊发育良好。它们通常下潜觅食，技巧娴熟，主要以鱼类和鱿鱼为食。以集群聚居，通常实行一夫一妻制，雏鸟为晚成鸟。

Phaethon rubricauda

红尾热带鸟

体长：90 厘米
体重：750~850 克
翼展：0.9~1.2 米
社会单位：群居
保护状况：无危
分布范围：印度洋和太平洋热带及温带水域

大部分为远洋鸟，虽然也可以在海岸附近和大洋岛上发现它们的踪影。极其擅长飞行，但在地面上行走时却极其笨拙。身体羽毛呈白色，有时略带粉色，尤其是背部。

眼睛前方和周围有一块明显的黑斑。尾巴处延伸出两支长长的中央羽毛，呈红色（因此而得名）。雏鸟无红尾。喙长，略带弧形，呈红色，喙端尖。

以大集群聚居，在大洋岛和珊瑚环礁上的灌木丛下或洞穴里筑巢。觅食时，集群较小，下潜觅食，技巧娴熟；主要以鱼类和鱿鱼为食。雏鸟区别于成鸟的特征为：身体后部带黑色条纹。

繁殖和培育
雌鸟在草量充足的地方（当作床垫）产下1枚卵。雌雄鸟一同照料雏鸟，为期67~91 天。

Phaethon lepturus

白尾热带鸟

体长：80 厘米
体重：250~400 克
翼展：90~95 厘米
社会单位：群居
保护状况：无危
分布范围：印度洋、太平洋和大西洋热带及温带水域

白尾热带鸟的身体大部分羽毛呈白色，眼睛上方有黑色条纹，身体其他部分也有羽毛呈黑色带状。它们尾部中央羽毛长，呈白色；虹膜呈蓝灰色；蹼足短，发黑；喙呈绿黄色或红橙色。尾基部有腺体，分泌微红物质，可使羽毛防水。因此，有时候分泌出这种物质时，会让它们看起来“脏兮兮”的。

白尾热带鸟较少固定一处，几乎总在海岸远处活动，飞行速度快，可捉鱼类和不同的头足类动物。

白尾热带鸟不筑巢，而是选择悬崖洞穴产卵，只产 1 枚。雌鸟负责孵化，孵化期为 28 天。雏鸟会与成鸟生活在一起，直至羽毛丰满，一般为 70~85 天。3~4 年才具备性成熟特征。

Pelecanus rufescens

粉红背鹈鹕

本长：1.25~1.32 米
本重：4~7 千克
翼展：2.15~2.9 米
社会单位：群居
保护状况：无危
分布范围：非洲和阿拉伯半岛南部

粉红背鹈鹕是最小的鹈鹕。喙很长，下颚有囊袋，体形瘦高，很易识别。羽毛呈浅灰色，“背部”（更准确来说是两翼下）略带粉色。初级羽毛和次级羽毛呈板栗灰色，飞行保护状况中整体呈深色。腿和爪子呈粉红色，有四趾和膜组成的蹼足。眼睛周围呈黑色，喙呈淡黄色。繁殖期间，喙下方的嗉囊十分显眼，由粉红色变为偏红色。

它们以集群方式将枝丫放在地面上筑巢。通常来说，雌鸟负责孵卵（2枚），孵化期约 30 天。主要以鱼类为食。觅食时，嗉囊起着捕鱼网的作用，一旦捉到鱼，立即滤掉所有的水，吞掉猎物。

栖居于淡水、咸水水域，但多见于淡水区，在码头周围活动。

Pelecanus crispus

卷羽鹈鹕

体长：1.6~1.8 米
体重：9.5~12 千克
翼展：3.1~3.45 米
社会单位：群居
保护状况：易危
分布范围：欧亚大陆大部分地区

雌鸟比雄鸟小。成鸟羽毛呈白色，略带灰色调。喙呈黑色调，上部呈淡黄色。囊袋为橙黄色，在繁殖期间尤为明显。冠大且呈黄色。腿呈深灰色。叫声各种各样，包括嘶嘶声和咆哮声。

它们集群筑巢，建于湿地岸边的水生植被或地面上。雌鸟产卵 1~3 枚，孵化期超过 30 天。

喙长且直
游水时，头部浸入水中，用喙捕鱼并将其吞食。

Pelecanus occidentalis

褐鹈鹕

体长：1.06~1.37 米
体重：3.9~5.2 千克
翼展：1.9~2.13 米
社会单位：群居
保护状况：无危
分布范围：从加拿大穿过大西洋至巴西；穿过太平洋至秘鲁区域

性别二态性仅在体形较大、喙更长的雄鸟中才有体现。身体主要呈暗灰褐色，侧面带浅色线条，头部呈淡黄色，颈后部呈深褐色（繁殖季节），非繁殖季节时，颈部全为白色。腿短，发黑。雏鸟羽毛呈深棕色。它们是仅有的一种会从高处下潜捉鱼的鹈鹕，主要以鱼类为食。潜水时，嗉囊张开，摄入水和小鱼，然后吐出水，摄入鱼。如此循环。

多变的颜色
某些褐鹈鹕的喙呈红色和象牙色，其他一些则呈灰色。

Pelecanus onocrotalus

白鹈鹕

体长：1.4~1.75 米
体重：5 千克
翼展：2.7~3 米
社会单位：群居
保护状况：无危
分布范围：欧洲东部、亚洲中部和南部、非洲

白鹈鹕的体形较大。飞行过程中，羽毛呈白色，飞羽（黑色）除外。喙下部带嗉囊，呈淡黄色。性别二态性体，雄鸟体形较大，颈背处突出。通常在偏远的岛屿处聚居。巢位于地面，结构简单，由枝丫筑成。

Sula nebouxii

蓝脚鲣鸟

体长：85 厘米
体重：1.5~2.2 千克
翼展：1.5~1.7 米
社会单位：群居
保护状况：无危
分布范围：美洲东部太平洋热带和亚热带环境，尤其是加拉帕戈斯群岛和美国的加利福尼亚州

蓝脚鲣鸟又名“结巴鸟”，体形修长，翼长，尾巴长，喙呈锥形。羽毛呈白色，头和颈呈深色。具备远洋鸟习性，经常在海岸活动。无特定的繁殖季节。雌鸟通常产卵 1 枚，若产卵多于 1 枚，则雏鸟出生几天之后，相互竞争，胜者得以生存。从相当高的地方（达 30 米）俯冲啄鱼为食。飞行中，先是有力地拍打飞行，然后滑翔，大群鸟排成线形，一只接着一只。

蓝色调
腿和喙呈蓝色。

Phalacrocorax carbo

普通鸬鹚

体长：0.8~1 米
体重：2~2.5 千克
翼展：1.2~1.5 米
社会单位：群居
保护状况：无危
分布范围：大西洋北部、北美洲、非洲、欧亚大陆和澳大拉西亚

普通鸬鹚的颈长，如身体其他部分，也呈黑色，略含绿色光芒，仅有某些部位颜色不同，喉部呈白色，眼睛周围呈蓝色，喙呈黄色。主要以鱼类为食，同时也吃甲壳类动物、两栖动物、软体动物和鸟。栖居于潟湖、水道、沼泽、河口和红树林中。在岩石海岸、悬崖或树上成群筑巢。巢为由枝丫构建的平台，有时地面上的洞穴也可作为巢。雌鸟产卵 1~6 枚，呈浅蓝色，孵化期为 22~26 天。繁殖季节，大腿上有明显的白斑。

强壮的颈和喙
颈椎呈“Z”形排列，因此当它们用喙啄食时，可以准确无误且具备爆发力。

Phalacrocorax brasilianus

美洲鸬鹚

体长：65~75 厘米
体重：1~1.5 千克
翼展：1 米
社会单位：群居
保护状况：无危
分布范围：北美洲南部、中美洲及南美洲

美洲鸬鹚分布于各类湿地地区。颈长，呈“S”形，颜色发黑。以大集群聚居，全年均为繁殖季。在树林、灌木或岩石土壤中用草筑巢。一般每窝有 3~4 枚卵，孵化期为 30 天。食物包括小鱼、甲壳类动物、昆虫和青蛙。

Phalacrocorax africanus

长尾鸬鹚

体长：75 厘米
体重：2~3.5 千克
翼展：1~1.2 米
社会单位：群居
保护状况：无危
分布范围：非洲

长尾鸬鹚常活动于海域、河流、湖泊和淡水潟湖中。羽毛主要呈黑色，两翼带灰斑，背部带银色色调，头部带绿色调，在繁殖季节尤为明显。足呈黑色，有四趾和膜组成的蹼足（鹈形目典型特征）。喙颜色发红，呈钩状。食物包括鱼类、青蛙、甲壳类动物和水生昆虫。在树上或地面洞穴内筑巢。

充满耐性的策略
无尾脂腺为羽毛分泌油脂，因此，它们张开双翼，以便阳光将其晒干。

Phalacrocorax gaimardi

红腿鸬鹚

体长：60~70 厘米
体重：2~3 千克
社会单位：群居
保护状况：近危
分布范围：南美洲西海岸和东海岸南端

晒太阳
羽毛不防水，很容易泡湿，因此需要经常晒太阳，以便晒干羽毛。

红腿鸬鹚的身体大部分羽毛呈银灰色，带白斑；喙呈红色和黄色。蹼足呈红色，虹膜呈绿色。在陡峭的岩石峭壁成群筑巢，材料选用藻类、土壤和鸟粪。通常产 3 枚卵，呈浅天蓝色。栖居于岛屿、海岸及河岸处。下潜入水捉鱼，技巧娴熟。

Anhinga rufa

红蛇鹈

体长：81~97 厘米
体重：1.05~1.35 千克
翼展：1.15~1.28 米
社会单位：群居
保护状况：无危
分布范围：几乎遍及北部之外的整个非洲

性别二态性
雌鸟颈后部呈金黄色，雄鸟呈深棕褐色。

红蛇鹈的颈长而细，喙直且尖，利于捉鱼。也吃青蛙、甲壳类动物和小蛇。擅长飞行，借助气流滑翔，可飞至很高的高度。栖居于流速缓慢的河流和淡水区。常常张开双翼晒太阳。

Fregata magnificens

丽色军舰鸟

体长：0.91~1.11 米
体重：1.2~1.7 千克
翼展：2~2.5 米
社会单位：群居
保护状况：无危
分布范围：大西洋温带水域、环美洲太平洋东部

丽色军舰鸟的体形较大，喙长，喙端呈钩状，尾部分叉严重，拥有典型的远洋鸟习性。翼展长，双翼可以持续滑翔 1 小时之久，并保持一动不动。飞行中不发出声音，但在巢穴中时，会发出鸣叫。喜在灌木丛、红树林和荒岛上的小树木中筑巢，有时也会在岩石顶部简单地构建一个衬有羽毛的巢。

孵化期约为 41 天，雌雄鸟共同孵卵、照料雏鸟并进行喂食。通常只产 1 枚卵，有时 2 枚，卵呈白色椭圆状。

雌鸟体形较雄鸟大。它们擅长飞行，速度快，因此具备在空中从其他鸟处抢食的本领。通常跟在海鸥和燕鸥群之后抢夺战利品。食物包括头足类动物、软体动物、鱼类和甲壳类动物。雄鸟与雌鸟的区别在于有可以膨胀为鲜红色气球状的嗉囊，并以此来进行戏剧性的求偶仪式。

白色潮

白鹈鹕在地面上行走时，样子有些笨拙，颇显可爱，甚至有些滑稽，但飞行或游水却很灵巧。以大集群聚居，白色的翅膀在水面上形成巨大的带状。

大集群活动
数千只鸟从北美平原向大陆东南部迁徙。途中，在密西西比河三角洲歇息。

针对美洲白鹈鹕（*Pelecanus erythrorhynchos*），人们一直抱有一些错误的观念。20 世纪初人们认为，美洲白鹈鹕食用大量的鱼类，这会对渔业带来巨大影响，应采取措施进行消灭，因而导致许多美洲白鹈鹕死亡。后来人们才发现此类鸟食用的是无商业价值的小鱼。此外，从其外观来看，美洲白鹈鹕被认为是一种笨拙且不聪明的动物。在地面上行走时笨拙的样子、鸟喙及大大的面颊以及其他不太优雅的特征掩盖了美洲白鹈鹕的其他特征，如可爱的飞行样子、高效的收集习性和娴熟的觅食技巧。

如今，可以确定的是，白鹈鹕是娴熟且聪明的。在地面上虽不太灵敏，但却极其擅长飞行和游水，可以借助热气流飞至极高的高处，也可乘着海风，在海面上进行低空飞行。在水里时，和其他鹈鹕一样，白鹈鹕不能潜水，因为胸部区域有皮下气囊，会加强浮力。

与它们被误认为的笨拙相反，它们具备高效的觅食技能，一群白鹈鹕组成一条线或者半圆，把猎物赶向岸边。鱼被逼到角落，便会被白鹈鹕用其特有的大喙捉住。

白鹈鹕嗉囊的皮肤组织呈淡黄色和肉色，可在觅食捉鱼时将摄入的水排出。喙下的囊袋仅在为雏鸟储备食物时当作储存袋。因为成鸟每天要从富含鱼类的地方飞到距离遥远的雏鸟所在地，所以通过嗉囊存食是基本需求。为了进行高频率的移动，它们采用飞行与滑翔相结合这种效率最高的模式。

▲ 吃、出生、旅行

白鹈鹕身体具备捕鱼的特征。喙下有嗉囊，储水量多达11 升……以及所有“囊括”在其中的鱼（图1）。雏鸟，如图所示，仅有3 周大小（图2），发育仍欠缺，由亲鸟为其喂食。喂食完毕之后，又开始继续觅食。白鹈鹕十分擅长飞行（图3）。

合作觅食

可以成群觅食。在水面上组成半圆，用力地拍击水面，将鱼从浅滩驱往浅水区并捉住。

白鹈鹕每年都会进行迁徙，从广阔的平原和盆地（巢穴所在地）向美国东南部迁徙，与褐鹈鹕一同在此过冬。因此，可以发现大量的鸟群游过密西西比河、密苏里河和阿肯色河。仅有那些栖居于墨西哥的少量白鹈鹕没有迁徙的习惯。

交配季节来临时，雌雄鸟组成配偶，实行一夫一妻制。求偶时，雄鸟会进行一系列的求偶仪式，包括行礼、环绕飞行、晃动并展示光芒耀眼的头喙。雌鸟在由植被或土壤筑成的巢中产下1~3枚卵（不过卵多于1枚时很难存活）。雌雄鸟用大大的蹼足进行孵化，并一同照料新生雏鸟17~28天，用喙给其喂食。

雏鸟死亡率高。受捕食者攻击或其他因素影响，卵经常会从巢中跌落，遭到遗弃。雏鸟出生后也不易生存。大量雏鸟因饥饿、其他鸟类攻击或其他原因而死亡。该物种在20世纪初期曾面临的威胁现已不存在了。

据世界自然保护联盟濒危物种红色名录，该物种属于无危级别。但是栖息地减少、人类活动对其造成的影响构成了当下的主要威胁。

鹳和鹭

门：脊索动物门
纲：鸟纲
目：鹳形目
科：3
种：116

腿长，趾发育良好，鹳形目鸟类活动于浅水区，主要以鱼类、两栖动物、田螺及其他软体动物、昆虫和蠕虫为食。颈和喙长，有助于觅食。雌雄鸟形态特征相似，但繁殖期间雄鸟会呈现一些其他特征。

Ardea goliath

巨鹭

体长：1.2~1.5 米
体重：4.3~4.5 千克
翼展：2 米
社会单位：独居或成对
保护状况：无危
分布范围：非洲及中东地区

巨鹭无迁徙习性。栖居于河流、湖泊、沼泽或其他淡水及咸水环境。主要以大鱼、腐肉和青蛙、蛇等小型动物为食。拥有夜行习性。交配期间羽毛灰色和橙棕色更加鲜明。实行一夫一妻制，雌雄鸟均负责照料巢穴和雏鸟。雌雄鸟外观相似。

Syrigma sibilatrix

啸鹭

体长：53~58 厘米
体重：520~545 克
社会单位：成对
保护状况：无危
分布范围：南美洲部分地区

啸鹭的胸部和颈部羽毛呈浅黄色，背部和两翼呈蓝灰色，面颊和眼睛周围呈蓝色。雌鸟一年繁殖一次，每窝产2~4 枚卵。在交配前会在地上跳舞，进行杂技式飞行，发出类似笛声的叫声(因此而得名)。用枝丫在远离水的地方筑巢。白天活动，是树栖鸟，主要以蜥蜴和青蛙等小型动物为食，另外还吃昆虫。

Pilherodius pileatus

蓝嘴黑顶鹭

体长：56~59 厘米
体重：500~550 克
社会单位：成对
保护状况：无危
分布范围：南美洲

蓝嘴黑顶鹭的喙、面颊和眼睛周围呈蓝色，颈部羽毛呈黄色，身体其余部分呈白色。头上有两根长长的羽毛。

栖居于雨林、河流附近和淡水池塘中。用树枝在树上筑巢。雌鸟产2~4 枚卵。以鱼类、青蛙等小型动物和昆虫为食。多在水中觅食。

Egretta alba

大白鹭

本长：1 米
本重：0.912~1.15 千克
翼展：1.5 米
社会单位：群居
保护状况：无危
分布范围：美洲、非洲、亚洲以及欧洲和大洋洲的部分地区

大白鹭的羽毛呈白色，腿呈黑色，喙呈黄色。占据大量领地，擅长捕鱼，也猎取两栖动物和昆虫。日落时，几只大白鹭聚集在一起休息。雄鸟选取一个领地，并在此跳复杂的舞，以吸引雌鸟。交配期实行一夫一妻制，雌雄鸟均负责孵卵、喂养和照料雏鸟。

Bubulcus ibis

牛背鹭

体长：46~56 厘米
体重：300~400 克
翼展：88~96 厘米
社会单位：群居
保护状况：无危
分布范围：美洲、大洋洲、欧洲、亚洲和非洲

牛背鹭的腿短，驼背，羽毛呈白色，略带鲑鱼肉色，是迁徙鸟，而且是本物种中最具陆地习性的鸟。栖居于有草的开放区或草原地区，尤其是放牧区。白天活动，以蚱蜢或甲虫等昆虫及青蛙和蜥蜴等小型动物为食。通常用枝丫在树上或灌木丛中筑巢。雌雄鸟均负责孵卵。

Nycticorax nycticorax

夜鹭

体长：60~65 厘米
体重：800 克
翼展：0.98~1.1 米
社会单位：群居
保护状况：无危
分布范围：美洲、非洲、亚洲和欧洲

夜鹭的颈部、胸部和四肢呈白色，头上部和背部呈深灰色，眼睛呈深红色。是迁徙鸟，有黄昏和夜间活动的习性。夜鹭主要以鱼类为食，但也食用水生及陆生小昆虫以及螃蟹、贝类、两栖动物和啮齿动物。它们栖居于浅水河、小溪、潟湖、湖泊和沼泽岸边的森林地区。

Tigrisoma lineatum

栗虎鹭

体长：65 厘米
体重：5 千克
翼展：80 厘米
社会单位：独居
保护状况：无危
分布范围：中美洲和南美洲

栗虎鹭的背部呈棕褐色，腹部呈桂皮色，胸上部呈褐色。自颈部到胸部带白色线条，眼睛呈浅橙色；腿短，呈橄榄绿，喙呈黑色，喙端较窄。栖居于河流或沼泽附近的森林地区。以鱼类、甲壳类动物及昆虫为食。

Scopus umbretta

锤头鹳

体长：47~56 厘米
体重：415~470 克
翼展：90~94 厘米
社会单位：成对
保护状况：无危
分布范围：非洲部分地区、阿拉伯半岛

锤头鹳以两栖动物、小鱼和甲壳类动物为食。巢穴直径可达 2 米。每窝有 3~7 枚卵，雌雄鸟共同孵卵。羽毛呈棕色，喙长，喙端呈钩状。鸟冠呈锤头状，因此而得名。与其他鹭相比，锤头鹳的颈和腿较短。

Balaeniceps rex

鲸头鹳

体长：1.1~1.4 米
体重：4~7 千克
翼展：2.3~2.6 米
社会单位：独居
保护状况：易危
分布范围：非洲中部

鲸头鹳的喙大，呈黄色，带黑斑；喙端呈钩状，下颚尖利，有助于捕食。栖居于沼泽地区，在地面上筑巢。雄鸟体形较大，羽毛呈灰蓝色，有鸟冠。

Ardea cinerea

苍鹭

体长：0.84~1.02 米
体重：1~2 千克
翼展：1.55~1.75 米
社会单位：群居
保护状况：无危
分布范围：欧洲、亚洲、非洲、南美洲和大洋洲

雏鸟
羽毛呈灰色，无成鸟拥有的黑冠。

在欧洲，苍鹭是体形最大的鹭。雌雄鸟外观相似。栖居于河流、湖泊和潟湖附近。

迁徙习性

繁殖期之后的 9~10 月之间，古北界地区大部分苍鹭进行季节性迁徙，然后在 2 月返回筑巢地。那些生活在更南端地区的苍鹭，倾向于在当地定居或仅有部分会进行迁徙。

繁殖和养育

一般而言，繁殖期所用地区常被下一代继续沿用。雌鸟产 4~5 枚卵，与雄鸟共同孵卵，孵化期约为 25 天。雏鸟出生初期，以亲鸟反刍的食物为食。

巢穴
雌雄鸟共同筑巢，通常位于树木高处，偶尔也位于地面上。

相互竞争

一旦发现猎物，苍鹭会尽全力捕捉。苍鹭独自或成群结队觅食，是间接寄生物，攻击其他鸟，并抢夺其食物，甚至会从同集群成员处抢夺食物。抢夺食物时，具备很强的攻击性。配偶之间也存在敌意，各自在巢穴中均拥有专属空间。

10~25 厘米
所捕捉鱼的大小范围。

拱形翅膀
翅膀上部呈灰色，下部呈白色。双翼呈拱形。

黑冠
成鸟头部呈白色，细长，呈黑色，是鹭的典型特征。

灵活的颈部
飞行过程中，颈呈"S"形，这是苍鹭的典型特征。

捕鱼方法

为了捉鱼（基本食物），苍鹭会耐心地观察，并迅速捕捉。随后将其吞咽或运至地面上，以便后续食用。

1 观察
为了捕捉猎物，苍鹭停在水边，并且保持一动不动，直到鱼的出现。

2 捕捉
当鱼在其攻击范围内移动时，苍鹭向前倾，并用喙捉鱼。

3 吞咽
若鱼小，苍鹭就将其整个吞咽。反之，则用岩石将鱼杀死，然后运至地面上。

形如鱼叉的喙

苍鹭的喙长、硬实且尖利，这是栖居于浅水域附近的鸟类所具备的典型特征。这种喙的特殊结构有助于其迅速下沉，并毫不费力地捕鱼。苍鹭的喙呈浅粉黄色，成年后颜色会更加艳丽。

猎物

食物包括两栖动物、小型哺乳动物及其他鸟类，但主要以鱼类为食。捕鱼时，须进行长时间观察，对其战利品有强烈的保护欲。

胫骨

与附骨连接，形成胫附骨。侧面腓骨发育欠缺。

擅长长途跋涉的腿

与红鹳及鹳一样，苍鹭的腿和脚趾极长，爪的第一趾朝后。这些特征有助于其在复杂的地面上行走，如沼泽及水源岸边。行走时，由脚趾支撑其重力。

踝关节

也称为假膝，因为它与向后弯曲着的膝盖相连。

爪子I

趾1（拇指）和趾2拥有3根趾骨，趾3拥有4根趾骨，趾4拥有5根趾骨。

爪子II

远端附骨与跖骨连接在一起，形成附跖骨。

200~250 只

苍鹭结成群进行迁徙。

Anastomus lamelligerus

非洲钳嘴鹳

体长：55~60 厘米
体重：1~1.25 千克
翼展：1.8 米
社会单位：群居
保护状况：无危
分布范围：撒哈拉以南的非洲

非洲钳嘴鹳的大部分羽毛呈黑色，套膜处呈明亮的绿色或棕色调。喙大，呈棕色，喙基处颜色较浅。两腭之间有 5~6 毫米的空间，至喙端处，间隔消失。通常栖居于广袤的淡水湿地，有时也活动于沼泽和湖泊中。基本以水生田螺和贻贝为食，也吃青蛙、螃蟹、鱼类、蠕虫及大昆虫。喙闭上时，两腭之间会留出一个开放的空间。它们独自或成群地捕鱼。

繁殖期在雨季，此时食物充足。它们与各种鸟集群聚居，用枝丫（内外铺草、水生植被、树叶等）在水周围的灌木丛上筑巢。产 2~5 枚卵，孵化期为 25~30 天，雌雄亲鸟共同照料雏鸟。雏鸟出生后 50 天左右离巢。

迁徙
雨季来临后，在各个跨赤道的非洲国家间迁徙。

张开的喙
喙的结构，有助于其提取外壳中的软体动物。

腿
腿长，与爪子一样，呈黑色。

Jabiru mycteria

裸颈鹳

体长：1.2~1.5 米
体重：6.5 千克
翼展：3 米
社会单位：独居
保护状况：无危
分布范围：从墨西哥至阿根廷北部

裸颈鹳是新大陆体形最大的鹳。名字源于瓜拉尼语，意为“膨胀的颈”，指位于颈部的皮下气囊的膨胀力。但它们是哑的，既不能发出声音也无法唱歌，而是通过用喙啄击来与外界进行交流。求偶期间，雄鸟会上下晃动喙。终身实行一夫一妻制，一对一对单独筑巢。每年秋末回到其在树木高处的巢穴中，产 3~4 枚卵，雌雄鸟轮流孵化，共同照料雏鸟。它们栖居于潟湖和河流附近，以鱼类、软体动物和两栖动物为食，有时也吃爬行动物和小型哺乳动物。

颈部
发生冲突或被激怒时，颈部一部分皮肤变成鲜红色。

饮食
捉住猎物时，将喙伸出水面，头向后仰将其吞咽。

Leptoptilos crumeniferus

非洲秃鹳

体长：1.3~1.5 米
体重：4~6 千克
翼展：2.3 米
社会单位：群居
保护状况：无危
分布范围：撒哈拉以南的非洲

非洲秃鹳有食腐肉的习惯，头颈无羽毛。为了追逐猎物，它们会借助上升的热气流在高空滑翔。以无脊椎动物、鱼类、爬行动物、两栖动物、小鸟和哺乳动物为食。在树木和树枝的沟壑中筑巢。每窝有 2~3 枚卵，雌雄鸟共同孵化及照料雏鸟。

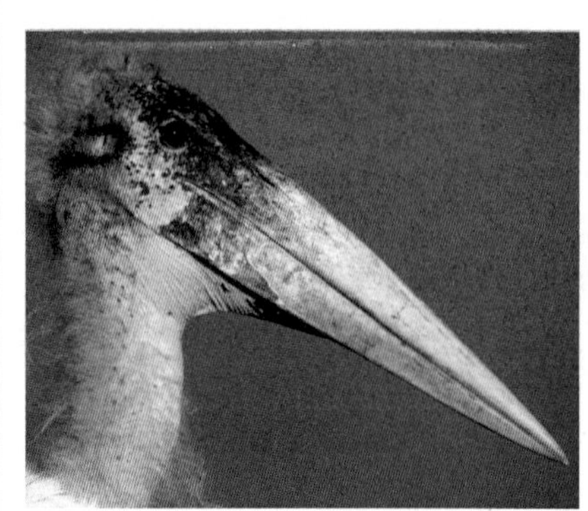

Ciconia ciconia

白鹳

体长：1~1.15 米
体重：2.3~4.4 千克
翼展：1.55~1.95 米
社会单位：群居
保护状况：无危
分布范围：欧洲温带地区、亚洲西南部以及非洲西北部、中部和南部

白鹳栖居于自然环境及人类改造的环境中。通常在地势高的地方筑巢，如塔、钟楼和树。食物包括昆虫、小老鼠和鱼类。春天求偶，求偶活动包括用喙啄击以及晃动颈部。产 3~5 枚卵，孵化期为 30 天。每年雄鸟均会用更多材料维修巢穴，直径达 1.5 米，高达 2 米。成鸟将共同照料雏鸟 50~60 天。在此之后，将由其中一只亲鸟独自照料它们。12 月至次年 7 月期间，成群的白鹳从欧洲向非洲迁徙。

利用栖息地周围一切可用材料筑巢，从树枝、草到毛织物，甚至是塑料。

Ciconia nigra

黑鹳

体长：0.9~1 米
体重：3 千克
翼展：1.5~1.6 米
社会单位：独居
保护状况：无危
分布范围：欧洲、亚洲以及非洲中部和南部

黑鹳以鱼类、两栖动物、昆虫、小型哺乳动物、爬行动物和软体动物为食。求偶仪式很复杂，求偶期间，雌雄鸟颈沿各个方向进行蜿蜒曲折的波浪状运动，尾巴张开，呈扇形，展示其白色羽毛。一般在较高的树上独自筑巢居住。

Mycteria ibis

黄嘴鹮鹳

体长：0.95~1.05 米
体重：2~3 千克
翼展：1.5~1.65 米
社会单位：群居
保护状况：无危
分布范围：非洲

黄嘴鹮鹳栖居于淡水和咸水水域周围。可在河口、岛屿、海岸和河岸处发现其栖息在树上的踪影。以小型水生生物为食，如青蛙、鱼类、昆虫、蠕虫、甲壳类动物，偶食小型哺乳动物和鸟类。

求偶期间，雄鸟在较高的树上，用树枝筑巢，然后教雌鸟筑巢方法，并通过各种运动来吸引雌鸟的注意。通常以集群聚居，有时也与其他鸟类一同栖居。产 2~4 枚卵，雌雄鸟共同孵卵，孵化期约为 30 天。

在非洲大陆上进行不定期的迁徙，通常是向水平面高、鱼类丰富的地方迁徙。

Geronticus eremita

隐鹮

体长：70~80 厘米
体重：1.3 千克
翼展：1.25~1.35 米
社会单位：群居
保护状况：极危
分布范围：非洲北部部分国家和地区

隐鹮除了颈部有一绺羽毛之外，头部及喉部无羽毛覆盖；喙呈红色弯曲状。羽毛呈黑色，带金属反光。栖居于干旱、半干旱平原耕地区，岩石区和高草甸中。巢穴位于飞檐、断层岩石洞穴中，以 30~40 对的集群聚居。饮食包括爬行动物、昆虫、鱼类和两栖动物。

Threskiornis aethiopicus

非洲白鹮

体长：65~80 厘米
体重：1.5 千克
翼展：1.15~1.25 米
社会单位：独居或群居
保护状况：无危
分布范围：非洲及亚洲

非洲白鹮栖居于红树林、耕地及河流岸边。繁殖季节在雨季。雨季过后，向赤道以北或以南迁徙数百千米远。以集群聚居，用枝丫筑巢。产 2~4 枚卵，雌雄鸟共同孵卵，孵化期约为 30 天。雏鸟存活率低。基本以无脊椎动物为食。

Eudocimus albus

美洲白鹮

体长：54~65 厘米
体重：700 克
翼展：96 厘米
社会单位：独居或群居
保护状况：无危
分布范围：从美国南部至哥伦比亚

美洲白鹮栖居于河口和潟湖等淡水或咸水水域以及城市区的垃圾场。基本以小型水生无脊椎动物为食，如螃蟹、水生昆虫、幼虫和蠕虫、小鱼、青蛙及其他所有可捉到的小型动物。独居或数百只成小群聚居。具体的繁殖期视不同地方而定：一些美洲白鹮在雨季繁殖，另一些在秋季繁殖。各种鹮和鹳聚居。产 2~4 枚卵，雌雄鸟共同孵卵，孵化期为 23 天。

Theristicus caerulescens

铅色鹮

体长：62~80 厘米
体重：700 克
社会单位：独居
保护状况：无危
分布范围：南美洲

铅色鹮全身羽毛呈灰色，额发呈白色，前颈部有白色横纹。腿和虹膜呈红色，栖居于河口、潟湖、沼泽和淹没区。食物包括昆虫、鱼类和甲壳类动物。

不是迁徙鸟。与本属其他鸟不同的是，喜独居。在较高植被或沿水面用枯枝、植被与泥土筑巢。最多产 3 枚卵。

Platalea ajaja

玫瑰琵鹭

体长：71~81 厘米
体重：1.5 千克
翼展：1.2~1.3 米
社会单位：独居或群居
保护状况：无危
分布范围：北美洲部分地区和南美洲

玫瑰琵鹭栖居于被浅水淹没的陆地中。可在湖岸、水不太浑的静水河口处发现其踪影。以甲壳类动物、昆虫幼虫、软体动物、两栖动物、鱼类、水生植物和种子为食。捕鱼时，喙略张，头从一侧晃向另一侧，捉到鱼后，会合上喙。

以小集群聚居，用树枝在离水域较近的隐蔽灌木丛中及红树林中筑巢。雌雄鸟共同筑巢和照料雏鸟。每窝 2~4 枚卵，孵化期为 22~24 天，由亲鸟共同孵化。雏鸟出生后，喙是直的，略带喙端，几周后长成勺状。

Platalea leucorodia

白琵鹭

体长：80~93 厘米
体重：1.1~1.6 千克
翼展：1.2~1.35 米
社会单位：独居或群居
保护状况：无危
分布范围：欧洲、亚洲和非洲

白琵鹭几乎全身呈白色，但腿呈深色，喙呈黑色，喙端为黄色，胸部有一块呈黄色。

栖居于无太多水流的水域，偏好富含植被的岸边。觅食时，动作独特，在水中缓慢移动，扁平的喙有技巧地向两侧摇动，直至发现鱼类、小型爬行动物、青蛙、甲壳类动物和软体动物。

以集群聚居，可与本科鸟或其他类鸟聚居。用水生草本植物、枝丫和叶子在地面上的草丛及灌木丛中筑巢。通常每窝有 3~4 枚卵，多时可有 7 枚。雌雄鸟共同孵卵，孵化期为 24~25 天。

Plegadis falcinellus

彩鹮

体长：48~65 厘米
体重：500~800 克
翼展：80~95 厘米
社会单位：独居或群居
保护状况：无危
分布范围：欧洲南部、非洲、亚洲、澳大利亚、大西洋地区、北美洲和加勒比海地区

彩鹮是分布最广的鹮。羽毛呈褐色。栖居于湖泊、河口和水稻种植区。以鱼类、蠕虫、软体动物、青蛙为食，偶尔也吃昆虫。可独居，也可以小群或大群聚居。

繁殖季节发出嘎嘎声和咆哮声。与其他鹳共同以集群聚居，用柔软的草在树上筑巢。每窝产 1~5 枚卵，呈浅蓝色或绿色。雌雄鸟共同孵卵，孵化期约为 21 天。

红鹳

门：脊索动物门

纲：鸟纲

目：红鹳目

科：红鹳科

种：5

红鹳的腿和颈长，羽毛呈粉红色，喙弯曲、粗壮而不失细腻，这些特征使它们成为一个独特的群体。红鹳属于水禽，主要活动于开放性咸水潟湖中，并在此觅食。它们以大集群聚居和繁殖，一个集群中可有数千只红鹳。

Phoenicoparrus andinus

安第斯火烈鸟

体长：1.02~1.1 米
体重：2~2.4 千克
翼展：1~1.6 米
社会单位：群居
保护状况：易危
分布范围：秘鲁南部、玻利维亚东部、智利北部和阿根廷西北部

安第斯火烈鸟的身体羽毛呈白色，覆羽呈粉红色，头部、颈部和上胸部呈紫红色。身体后部 1/3 处羽毛呈黑色，可根据这个特征轻易识别它们。5 种红鹳中，只有安第斯火烈鸟的腿呈黄色。喙呈黑色，基部呈黄色。

栖居于地势高的潟湖地区，海拔高度多为 3500~4500 米。多活动于略深的浅碱性水域中。主要以硅藻（微小的单细胞藻类）为食，此外也吃可及范围内的无脊椎动物。吞咽食物时，须抬起头。繁殖季节为 12 月至次年 1 月。与其他红鹳一样，会举行“求偶仪式”，15~150 只安第斯火烈鸟聚集在一起，喙朝天空方向伸，颈直立，从一侧到另一侧晃动头，发出厚重的嘎嘎声，以进行求偶。数天之后，雌雄鸟进行交配。几周后，数千只火烈鸟集体筑巢。安第斯火烈鸟可与智利火烈鸟和詹姆斯火烈鸟一起生活。它们用泥土筑巢，巢呈中央凹陷的截锥体，每窝仅有 1 枚卵。

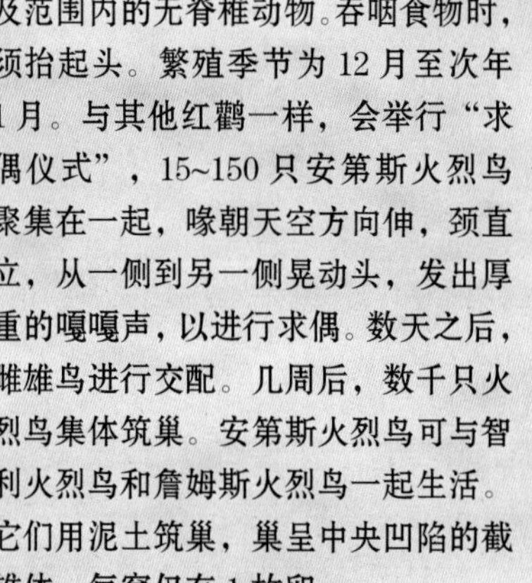

觅食

觅食时，它慢慢地走动，把喙埋没在水中，摇头寻找水底的食物。

Phoenicopterus jamesi

詹姆斯火烈鸟

体长：90~92 厘米
体重：2 千克
社会单位：群居
保护状况：近危
分布范围：秘鲁南部、玻利维亚东部、智利北部及阿根廷西北部

体形较安第斯火烈鸟小。腿呈红色，与其他红鹳不同的是，它只有三趾。喙为橙黄色，喙端尖利，呈黑色。尾巴羽毛呈黑色，没有安第斯火烈鸟显眼。繁殖季节，成鸟胸部有一道道红色或粉红色条纹。

栖居于海拔超过 3500 米的咸水湖中，虽与安第斯火烈鸟相差无几，但纬度越高，詹姆斯火烈鸟越多，它们常活动于较浅的强碱性潟湖中，觅食情况与安第斯火烈鸟类似，主要以硅藻为食，也吃无脊椎动物。所有红鹳中，詹姆斯火烈鸟的喙最小，因此过滤区更小。

詹姆斯火烈鸟成大集群聚居。雌雄鸟共同在窝中孵卵。雏鸟即将出生时，雌雄鸟共同帮助其破壳而出。雏鸟出生时，喙直，但很快会长成弯曲状。出生 12 天后，雏鸟离巢，3~4 年后才可拥有成鸟般的羽毛。据说，夏末时，詹姆斯火烈鸟会从地势较高的繁殖区迁徙至地势较低的湖泊。

Phoenicopterus chilensis

智利火烈鸟

体长：1.05 米
体重：2.3 千克
翼展：40 厘米
社会单位：群居
保护状况：近危
分布范围：秘鲁中部到火地岛，延伸至巴西南部和乌拉圭

智利火烈鸟的羽毛呈鲑鱼肉色，两翼覆羽呈鲜红色，遮住了黑色飞羽，而黑色飞羽仅在飞行中可见。喙大，一半呈浅粉色，另一半呈黑色。腿呈灰蓝色，跗骨关节、趾和蹼足膜呈红色。

以甲壳类动物和软体动物等多种无脊椎动物为食。觅食时，头没入水里，前进时，头向两侧移动。

Phoeniconaias minor

小红鹳

体长：80~90 厘米
体重：1.5~2 千克
翼展：0.95~1 米
社会单位：群居
保护状况：近危
分布范围：非洲南部，巴基斯坦和印度西北部，有时也在欧洲南部

小红鹳体形较小。雌鸟较雄鸟小且轻，这是本目的一般特征。喙长，呈深色，喙端有一块呈淡红色。栖居于盐碱湖及海岸潟湖中。饮食高度专一，以仅在碱性水中生长的蓝藻为食，并由此获取色素化合物。少量的小红鹳还吃水生无脊椎动物，如轮虫。它们在静水中觅食，将一部分喙浸入水中。由于环境条件不利，经常会进行长途跋涉。因此，繁殖季节不定，取决于地域和雨季。此外，成鸟并非每年都繁殖。

Phoenicopterus ruber

加勒比海红鹳

体长：1.2~1.45 米
体重：2.1~4.1 千克
翼展：1.4~1.65 米
社会单位：群居
保护状况：无危
分布范围：美国南部、加勒比海及尤卡坦半岛

加勒比海红鹳是体形最大的红鹳。喙基部呈白色，中间为粉红色，尖端为黑色。腿和羽毛呈粉红色，翅膀上部羽毛呈黑色，仅在飞行时可见。

通常栖居于不利于其他物种生存的咸水域河口中，因此食物源众多且竞争小，捕食风险低。当某地缺乏食物时，会移至新的觅食点，但通常不会回到原来的地点觅食。以小型微生物为食，如蠕虫、软体动物、甲壳类动物和昆虫。可从食物中获取类胡萝卜素化合物，粉红色来源于此，这是所有红鹳的特征。若未摄入此类化合物，颜色将变浅，因此其羽毛可作为营养度指示器。

与所有红鹳一样，实行一夫一妻制。雌雄鸟共同孵化及喂养雏鸟，甚至在其离巢后还对其进行照料。以大集群聚居，起到相互保护作用：当一些红鹳低头觅食时，另一些可以保持警惕。它们通常单腿站立，据说在浸入水中几小时之后，这种行为可帮助其保持体温。

鸭、鹅及其近亲

门：脊索动物门

纲：鸟纲

目：雁形目

科：3

种：162

本目由三科组成：叫鸭科，由 3 种粗壮的鸟组成，如冠叫鸭；鹊雁科，只有 1 个物种；鸭科，约有 150 种，分布于全球，包括鸭子、鹅和天鹅。极其擅长游水，典型特征为身体粗壮、喙长。

Anseranas semipalmata

鹊鹅

体长：70~90 厘米
体重：2~2.8 千克
社会单位：群居
保护状况：无危
分布范围：澳大利亚北部和东部、新几内亚岛南部、印度尼西亚

鹊鹅又名花斑鹅，羽毛颜色黑白相间，腿呈黄色。雏鸟颜色较灰，且斑纹更多。栖居于潮湿草原、沼泽地区。属于草食动物，以种子和枯草叶子为食。不会进行真正意义上的迁徙，但为了觅食，会成群结队地移至不同地方。雨季过后，繁殖季节来临。实行一夫多妻制，一只雄鸟通常与两只雌鸟配对。

每窝通常有 5~11 枚卵，而每只雌鸟一般产 6~8 枚卵。雌雄鸟共同孵卵及照料雏鸟。

Anhima cornuta

角叫鸭

体长：84~94 厘米
体重：3~3.15 千克
社会单位：成对或群居
保护状况：无危
分布范围：从哥伦比亚、委内瑞拉、圭亚那至玻利维亚和巴西

因其头上有一突起的角而成名。体形与冠叫鸭相似，两翼上有一对叉骨。栖居于淡水体附近，常常在较高的树上和灌木丛中栖息。主要以草类食物为食。巢穴大。每窝有 2~7 枚卵，雌雄鸟共同孵卵。雏鸟为早成鸟，出生时羽毛为黄灰色。

Chauna torquata

冠叫鸭

体长：83~95 厘米
体重：4.4 千克
社会单位：成对或群居
保护状况：无危
分布范围：玻利维亚、巴西南部、阿根廷北部中心、巴拉圭、秘鲁和乌拉圭

冠叫鸭的体形粗壮，头小，后冠毛长。双翼粗大，有一对起防御作用的叉骨。羽毛主要呈灰色。栖居于开放性的潮湿水体附近，常活动于浅水区和浮游植被上。主要以叶子、种子和水生果实为食，有时也吃昆虫。实行一夫一妻制，不迁徙，是陆栖鸟。巢穴位于地面上，大而简单，每窝有 3~6 枚浅黄色的卵。雌雄鸟轮流孵化，雌鸟白天孵卵，雄鸟晚上孵卵。雏鸟羽毛浓密，为橙黄色。出生时，就可以独自移动和觅食（属于早成鸟），但会与成鸟共同居住，直至发育完全。因其独特的洪亮叫声（***cha-jáaa, cha-jáaa***）而得名。

Cygnus olor

疣鼻天鹅

体长：1.25~1.6 米
体重：6.5~15 千克
翼展：2.4 米
社会单位：成对
保护状况：无危
分布范围：欧洲中部和北部、亚洲中部和东部

疣鼻天鹅又名白天鹅，栖居于沼泽、潟湖、池塘、流量较小的河流以及封闭型海湾等避风海域。雌雄鸟外观相似，但雄鸟通常体形较大。觅食时，长颈伸入水中，身体浮在水面(不下潜)。基本以水生植物为食，偶食小型两栖动物和水生无脊椎动物。一对一对单独在水面或芦苇丛中筑巢，每窝有 5~7 枚卵。雏鸟出生 3 年后方可性成熟。

Cygnus melanocorypha

黑颈天鹅

体长：1.02~1.24 米
体重：3.5~6.7 千克
翼展：1.77 米
社会单位：群居
保护状况：无危
分布范围：从智利中部及巴拉圭到火地岛及马尔维纳斯群岛。冬季，巴西东南部

头部、颈部呈黑色，身体呈白色，形成鲜明对比，因此而得名。喙上有突起的红色肉阜（肉质突起）。栖居于河口、潟湖或淡水湖及咸水湖。白天常在离海岸较远的地方活动，筑巢优选植被茂密的区域。每窝有 4~8 枚卵，用脊背驮雏鸟。以植被、软体动物、甲壳类动物、昆虫幼虫和鱼卵为食。进行季节性迁徙。呈三角形编队飞行。

Dendrocygna bicolor

茶色树鸭

体长：45~53 厘米
体重：6.21~7.55 千克
社会单位：群居
保护状况：无危
分布范围：从美国南部到阿根廷北部，非洲和印度

全身羽毛主要呈棕褐色。喙长，腿呈灰色。栖居于富含植被的沼泽地区及淡水湖。夜晚以种子、花和部分植物为食。繁殖季节取决于可用水量的多少。在土丘或树洞中筑巢。经常发出噪声和短促的哨子声。

Anser anser

灰雁

体长：76~89 厘米
体重：2.5~4.1 千克
社会单位：群居
保护状况：无危
分布范围：欧洲北部及中部、亚洲

灰雁的羽毛呈灰棕色，腿呈粉色，喙为橙色。栖居于湿地和洪泛区。以草、根和叶子为食；冬天还吃谷物、土豆及其他蔬菜。在地势较高的芦苇和灌木丛中筑巢，每窝有 4~6 枚卵。以小集群聚居或数千只成群聚居。长途飞行时呈"V"字形。也可通过奔跑来躲避捕食者。

Anser caerulescens

雪雁

体长：66~84 厘米
体重：2.5~3.3 千克
社会单位：群居
保护状况：无危
分布范围：北美洲

雪雁呈蓝色或白色。有的雪雁通体呈白色，翼端呈黑色，腿呈红色，喙呈粉色。有的雪雁呈蓝色，其头部、腹部、腿和喙颜色与白雪雁相同。栖居于含水或多石的沼泽苔原区。以水生植物为食，冬季也吃谷物和蔬菜。繁殖季节之后，成大群迁徙，并在海岸附近的沼泽地及草地上过冬。

Branta canadensis

加拿大黑雁

体长：0.76~1.1 米
体重：2.5~6.5 千克
翼展：1.27~1.8 米
社会单位：群居
保护状况：无危
分布范围：北美洲和欧洲

加拿大黑雁体形较大，颈长。头呈黑色，带白斑，与面颊形成鲜明对比。双翼大，呈深色，背呈棕色，胸部和腹部颜色浅，下腹部和臀部呈白色。雌鸟与雄鸟羽毛颜色相似，但雌鸟体形较小。

群居，迁徙时雁群呈“V”字形飞行。寿命可达 24 年。主要食草，包括地面上的草和谷物以及水中的沼泽植被。有时也吃昆虫和某些鱼类。栖居于各类环境中，从苔原、淡水湖泊到海洋河流和沿海湿地皆有。严格地实行一夫一妻制。出生 2 年后，寻觅终生配偶。繁殖季节，雌鸟产 3~8 枚卵。孵化期为 24~28 天，雌雄鸟共同孵卵，虽然雌鸟孵卵时间更长。出生 40 天后，雏鸟开始飞行。雄鸟会非常积极地捍卫自己的领地，但也会伸长脖子趴在地上，免被其他生物发现。春季完成迁徙之后，幼鸟回到出生地，然后离开鸟群。

家族群
经常会看见亲鸟领着雏鸟以家庭为单位在水中列队游水。

Branta bernicla

黑雁

体长：55~60 厘米
体重：1.2~2.25 千克
翼展：1.1~1.2 米
社会单位：可变
保护状况：无危
分布范围：北美洲、欧洲和亚洲

黑雁头部、颈部及胸部呈黑色。背部也呈深色，带白色线条；腹部呈白色和棕色，带斑纹，腹部下方和臀部呈白色。

黑雁是迁徙鸟，沿北极海岸迁徙。6 月初到达繁殖地，以集群或一对一对单独聚居。在水中进行交配，雌鸟通常部分或整个浸入水中。然后筑巢，每窝有 2~9 枚卵，由雌鸟独自孵化。雄鸟负责保卫家园。雏鸟出生后，整个家族都为其觅食并看护它们。9 月飞往越冬地，此时是群居的鼎盛时刻。以植被为食，但有时也吃鱼卵、蠕虫、田螺及其他无脊椎动物。

Cereopsis novaehollandiae

澳洲灰雁

体长：0.75~1 米
体重：3.1~6.8 千克
翼展：1.5~1.9 米
社会单位：群居
保护状况：无危
分布范围：澳大利亚南部

澳洲灰雁的色彩一致，背部有细小的黑斑。尾部和两翼羽毛发黑，腿呈粉红色，爪子呈黑色，喙端呈黑色，略微弯曲。

栖居于陆地，在含有草类植被的地方活动。非繁殖期以小集群聚居。在澳大利亚海岸周围的小岛上繁殖，并在此筑巢。

Alopochen aegyptiacus

埃及雁

体长：63~73 厘米
体重：1.5~2.25 千克
翼展：35~40 厘米
社会单位：群居
保护状况：无危
分布范围：非洲。欧洲和亚洲引入

埃及雁在其栖息地范围内，数量众多。大量栖居于湿地中，尤其喜欢在富含植被的开放性水体的边界地区觅食。主要是陆栖鸟，与其他雁形目不同的是，埃及雁常常活动于树上，甚至是人类建筑物上。擅长游水，飞行时较笨重。雌鸟和雄鸟发出的声音不同。

主要以种子、叶子、草、植物茎、藻类及其他水生植被为食。

雌鸟用芦苇、叶子和草在水域附近的地面上筑巢，形似土丘。雌雄鸟共同孵卵以及保卫家园。

Tadorna ferruginea

赤麻鸭

体长：58~70 厘米
体重：1.2~1.6 千克
翼展：1.1~1.35 米
社会单位：成对或群居
保护状况：无危
分布范围：欧洲、亚洲和非洲北部

赤麻鸭的羽毛色彩独特，整体颜色为橙棕色，头部颜色较浅，发白。

常在悬崖、山丘、树洞和裂缝中筑巢。每窝有 6~16 枚卵，孵化期为 30 天。赤麻鸭之间的呼叫非常强。栖居于亚洲的赤麻鸭属于迁徙鸟，而生活在其他地方的却没有迁徙习性。与其他鸭科不同的是，它们离开水也可生活很长一段时间。

Plectropterus gambensis

距翅雁

体长：0.75~1.15 米
体重：4~6.8 千克
翼展：1.5~2 米
社会单位：群居
保护状况：无危
分布范围：撒哈拉以南的非洲

距翅雁是非洲最大的水禽。整体呈黑色，面部为白色，两翼带白斑，胸和喙呈红色。

主要游牧觅食，以草种、谷物、果实和块根为食。中午在水边休息。迁徙路径取决于可用水量。冬季，白天休息，傍晚和夜晚出来觅食；雨季，进行繁殖活动。巢穴大，通常隐藏于水体附近。

Chloephaga melanoptera

黑翅草雁

体长：60 厘米
体重：2.7~3.6 千克
翼展：1.4~1.6 米
社会单位：成对或群居
保护状况：无危
分布范围：南美洲西部

黑翅草雁是一个独特的物种，栖居于海拔高度超过 3000 米的安第斯高地湖泊和南美洲小潟湖中。它们不让人类靠近，不与其他鹅、雁共享大陆的栖息地。

整体呈白色，两翼发黑，部分羽毛呈紫色。尾巴呈白色，尾尖呈黑色。雌鸟比雄鸟体形小。

大部分在陆地上活动，除了面对危险或雏鸟出生时之外，不常游水。11 月繁殖期开始，在此期间，领地占有欲强。在浅水区进行交配。在海岸附近的开放性草地筑巢，每窝有 6~10 枚卵。挖地筑巢，形似杯子，衬以羽毛等材料。雌鸟负责孵卵，孵化期为 30 天，雄鸟负责看守周围。雏鸟为早成鸟，出生后即被亲鸟带入水中。大约 3 个月后，就可长成成鸟。

Cairina moschata

疣鼻栖鸭

体长：64~86 厘米
体重：2.7~6.8 千克
翼展：1.37~1.52 米
社会单位：成对
保护状况：无危
分布范围：中美洲至阿根廷北部

疣鼻栖鸭大部分为家禽，体形大小和颜色各异。家养的疣鼻栖鸭被称为“番鸭”。野生的疣鼻栖鸭背部羽毛呈黑色，带绿色光泽，两翼有明显的斑纹。喙呈黑色，尾巴宽，趾爪尖锐。雏鸟羽毛呈黄色，尾巴和翅膀处有棕色斑点。它们在树上休息和睡觉，叫声沉闷且厚重。通常栖居于雨林、森林和农耕区的河流、湖泊、河口和沼泽地区。饮食包括植物、小鱼、两栖动物、爬行动物、甲壳类动物及昆虫。具有攻击性，雄鸟之间常因食物、领地和配偶而发生争斗。雌鸟会在位于树洞的窝中产下 8~16 枚卵，孵化期约为 35 天。

雏鸟出生后几周内和亲鸟一起生活，母鸟教其觅食，父鸟在其觅食时保护它们。

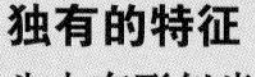

家养的疣鼻栖鸭
颜色与野生的不同，喙呈红色，羽毛更白。

Sarkidiornis melanotos

瘤鸭

体长：56~76 厘米
体重：1.2~2.6 千克
翼展：2.73~3.48 米
社会单位：群居
保护状况：无危
分布范围：中美洲、南美洲、亚洲和非洲

瘤鸭的喙基处有一黑色圆阜，因此易于识别。背部呈黑色，闪闪发光。腹部呈白色。在树上休息和睡觉。以集群聚居，一群多达 40 只。栖居于被淹没的草原、富含植被的潟湖和河流三角洲中。也可在水稻地及淹没的森林区域发现其踪影。主要以草种、水生植被和谷物为食，也吃昆虫幼虫和蝗虫。在雨季进行繁殖活动。巢穴蓬松，由植物材料组成，位于高达 12 米的树洞中。在水体附近筑巢。

Aix sponsa

林鸳鸯

体长：47~54 厘米
体重：660 克
翼展：66~73 厘米
社会单位：成对或群居
保护状况：无危
分布范围：北美洲和安的列斯群岛

雄性林鸳鸯羽毛色彩鲜艳，明亮夺目，头部呈绿色，发黑，且带白色线条。雌性林鸳鸯呈棕色，眼周呈白色，直至头部后方。大部分时间在陆地上活动，寻找浆果、橡子、种子和昆虫为食。雌鸟在树洞产 7~15 枚卵，孵化期约为 30 天。雏鸟出生后，离开巢穴，向有水的地方移动；母鸟照料但不会帮助它们。

Amazonetta brasiliensis

巴西凫

体长：35~40 厘米
体重：600~800 克
翼展：52~66 厘米
社会单位：成对
保护状况：无危
分布范围：南美洲西北部及东部

巴西凫整体呈褐色，侧翼有黑斑，沿颈部以下有形似条带的深色冠状物。飞行时，臀部、两翼和尾巴呈黑色。腿呈红色。存在性别二态性情况，雌鸟体形比雄鸟小，喙发黑，眼眶上有斑，喉部呈白色，雄鸟的喙则呈红色。栖居于植被茂密的湿地，以昆虫和甲壳类动物为食。每窝有 6~14 枚卵，由雌鸟孵卵，孵化期为 25 天。

Merganetta armata

湍鸭

体长：30~46 厘米
体重：315~440 克
翼展：58~69 厘米
社会单位：成对或群居
保护状况：无危
分布范围：南美洲安第斯一带

湍鸭栖居于南美洲安第斯一带（特别是南部）海拔高度达 4500 米且水流湍急的河流及小溪中。在湍急的水流中，逆流游水和下潜捕食鱼类和甲壳类动物。

雄鸟的头部呈白色，冠和眼周线呈黑色，背部发黑，有长长的白色线条。雌鸟为铅灰色，背部发黑，带黑色条纹，腹部呈红褐色。雏鸟羽毛呈黑色。它们沿河流筑巢。每窝有 3~4 枚卵，由雌鸟孵化，孵化期为 45 天。

Nettapus auritus

厚嘴棉凫

体长：33 厘米
体重：260~285 克
社会单位：群居
保护状况：无危
分布范围：非洲

厚嘴棉凫栖居于沼泽、内陆三角洲、湖泊和浅水潟湖中。以睡莲种子等水生植物、昆虫和鱼类为食。雨季时进行繁殖。在树洞及其他临近水体的洞穴中筑巢。

Anas platyrhynchos

绿头鸭

体长：56~65 厘米
体重：0.9~1.2 千克
翼展：81~98 厘米
社会单位：群居
保护状况：无危
分布范围：北半球，澳大利亚引入

绿头鸭的翅膀看起来像镜子一样，呈蓝色，闪闪发光，叫声洪亮且嘈杂。栖息于各种类型的湿地。属于杂食动物，食用水生植物、陆生植物、甲壳类动物和两栖动物。每窝有 8~13 枚卵。雏鸟几乎一出生就会游水。

Anas clypeata

琵嘴鸭

体长：44~52 厘米
体重：0.47~1 千克
翼展：73~82 厘米
社会单位：成对
保护状况：无危
分布范围：美洲、欧洲、亚洲、非洲和大洋洲

琵嘴鸭的喙扁平，比头长。以昆虫、蛛形纲动物、节肢动物、软体动物、甲壳类动物、蠕虫和水生植物为食。游水时，通过过滤水觅食。产 9~11 枚卵，孵化期为 23~25 天。

Netta peposaca

粉嘴潜鸭

体长：43 厘米
体重：1~1.1 千克
翼展：80 厘米
社会单位：群居
保护状况：无危
分布范围：南美洲

粉嘴潜鸭的体形粗大，喜群居，且集群相对较大。雄鸟的头部、颈部和胸部羽毛呈黑色。尾巴也呈黑色，但部分羽毛呈白色。侧翼呈灰色。喙呈粉红色，面部有一块红阜。虹膜也呈红色。雌鸟呈褐色，眼周和喉咙颜色发白，喙发黑。雌雄翅膀上都有一白色斑块，飞行中展开羽毛时可见。栖居于富含水生植被的开放性潟湖、湖泊及沼泽地区。繁殖地位于阿根廷及智利中部和南部，栖居地位于巴塔哥尼亚。冬季，向北迁徙，到达玻利维亚、阿根廷北部、巴西南部、乌拉圭及巴拉圭。

独有特征
阜和虹膜呈红色。

五彩
耳郭区呈紫色。

Lophonetta specularioides

冠鸭

体长：42~61 厘米
体重：1~1.2 千克
翼展：65~87 厘米
社会单位：成对或家族群
保护状况：无危
分布范围：南美洲西部及南部

冠鸭的羽毛呈赭褐色，有斑纹，臀部及腹部颜色较浅。头颈部有较宽的羽冠，颜色比较暗。虹膜呈红色，尾端尖，叫声粗重，如犬吠声一般。栖居于安第斯巴塔哥尼亚水域及海岸。

Somateria mollissima

欧绒鸭

体长：61 厘米
体重：0.85~3 千克
翼展：95 厘米
社会单位：群居
保护状况：无危
分布范围：北半球（北极圈）

欧绒鸭具备明显的性别二态性特征。雌鸟呈棕色和灰色，雄鸟交配期间羽毛主要呈白色，面部呈黑色，耳郭区略呈绿黄色，尾巴呈黑色。喙，亚种不同，颜色不同，从绿色到黄色皆有。胸部呈肉桂色。冬季雄鸟羽毛带棕色调，喙呈黄色。属于迁徙鸟，但栖居于欧洲的某些欧绒鸭不具备迁徙习性。

4~6 月为繁殖季节，常常以集群聚居，达 3000 对。它们在远离海岸、植被覆盖较好的岛屿上筑巢。还在沿海潟湖、靠近大海的半咸水湖泊和河流以及苔原湿地筑巢。冬季，数千只欧绒鸭聚集在海岸上。主食为贝类，也吃甲壳类动物、海洋中的其他无脊椎动物和鱼类。

性别二态性
性别二态性特征极其明显，繁殖季节尤为显著。

繁殖
繁殖季节，正在孵卵或照料雏鸟的雌性欧绒鸭也以藻类、浆果、种子和苔原植被的叶子为食。

Melanitta fusca

斑脸海番鸭

体长：51~58 厘米
体重：1~1.3 千克
翼展：79~97 厘米
社会单位：群居
保护状况：无危
分布范围：北半球

雄鸟羽毛呈黑色，雌鸟羽毛呈茶褐色，两者翅膀上均有白斑，飞行时可见。喙呈黄色，喙基呈黑色，眼睛下方有白斑。幼鸟羽毛呈浅褐色，面部有白斑。具备迁徙习性。

Mergus serrator

红胸秋沙鸭

体长：52~58 厘米
体重：0.9~1.1 千克
翼展：67~82 厘米
社会单位：群居
保护状况：无危
分布范围：北半球（北美洲和欧亚大陆）

雄鸟羽毛是彩色的，头部呈闪光的深绿色，颈背部有两道羽冠。雌鸟呈褐色。侧翼呈灰色；尾巴颜色发黑。冬季向温带地区迁徙，虽然许多时候仅仅是向附近海岸进行短距离迁徙。4~6月为繁殖季节。2月初，开始迁至越冬地区。

Oxyura jamaicensis

棕硬尾鸭

体长：35~43 厘米
体重：310~795 克
翼展：53~64 厘米
社会单位：群居
保护状况：无危
分布范围：美洲。欧洲引入

繁殖时期，雄鸟面部和耳部呈白色，眼睛和冠呈黑色。身体颜色统一，呈红褐色。尾巴颜色发黑，呈扇形，大部分时间都呈直立保护状态。

雌鸟羽毛呈褐色，喙颜色发黑，面部眼睛下方有一条颜色发白的线条穿过。身体略带横斑。冬季，雄鸟的羽毛由红褐色变为棕色，但面部颜色仍然发白，冠呈深色。在植被茂密区域筑巢，如淡水沼泽、湖泊及潟湖。冬季进行迁徙，可见于大型浅水海湾和盐沼湖。主要以水生植被为食，也吃软体动物、甲壳类动物和小鱼。繁殖季节食昆虫幼虫。

Mergus merganser

普通秋沙鸭

体长：58~72 厘米
体重：0.9~2.1 千克
翼展：78~97 厘米
社会单位：群居
保护状况：无危
分布范围：北半球

与红胸秋沙鸭相似，区别之处在于体形，普通秋沙鸭的胸部羽毛呈白色，冠和颈背处有少量直立的羽毛。通常与其他鸟类混合成群。栖居于咸水区域和陆地淡水区域。在湖泊及河流附近森林的树洞中筑巢，常常利用啄木鸟遗弃的树洞。若无树洞，则在悬崖、岩礁处筑巢。3~5 月为繁殖季节。一对一对单独居住或成小群聚集在一起。雌鸟保护雏鸟，但不负责喂食，雏鸟须自行觅食。10~12 月向越冬地迁徙。

昼猛禽

擅长捕猎，体形各异，但拥有共同特征：身体粗壮、结实，喙硬实，腿强壮，视觉敏锐。许多昼猛禽均为生态系统顶端的捕食者。有一些还是地球上最敏捷的生物，如猎鹰及某些鹰。

一般特征

隼形目，包括鹰、鹫、雕和隼，特点是喙弯曲，腿强壮。白天捕猎，视觉极其发达。眼睛较大，视网膜中视觉细胞（视锥细胞）密度大。隼形目形态多样，包括大型的鸟，如安第斯神鹫，重达 12 千克，翼展长；以及小型隼，重量不超过 50 克。

门：脊索动物门
纲：鸟纲
目：隼形目
科：3
种：304

敏锐的视觉

王鵟（*Buteo regalis*），与其他鹰科鸟一样，拥有敏锐的视觉，有助于捕猎。

什么是昼猛禽

严格地说，任何一种捕食另一种生物的鸟均可被视为猛禽。若猛禽定义如此广泛，则将包括小型的食虫鸟、大部分陆栖鸟和几乎所有的海洋鸟。因此，需要对猛禽进行更确切的定义。

基本来说，真正的猛禽是指那些拥有用于捕捉猎物的锋利爪子（某些情况下，可以直接杀死猎物）以及用以肢解猎物的弯的喙的禽类。该定义涵盖了主要在白天活动的隼形目鸟以及在夜晚追捕猎物的鸮形目鸟（鸮和猫头鹰）。虽然乍一看隼形目和鸮形目鸟拥有一些相同的形态特征，但是分类学家认为它们并非亲缘鸟，其相似之处是进化趋同的典型例子。现今，昼猛禽被称为“猛禽”，便于将其与夜猛禽区别。

分类

类似猛禽的第一批化石发现于距今 7500 万年的英格兰始新世沉积中。针对这些猛禽化石的分类，常常引起争议。但是现今大部分科学家认为隼形目包括 5 个科：美洲鹫科（秃鹰及秃鹫）、鹗科（鱼鹰）、鹰科（老鹰、鵟、雕、鹞）、蛇鹫科（秘书鸟）和隼科（隼和长腿兀鹰）。虽然秃鹰和秃鹫仍被视为猛禽，但根据 DNA 研究表明，它们与鹳科（鹳形目）具备亲缘关系。

物理特征

与其他鸟相比，猛禽的区别在于拥有巨大的力量。它们那相对小巧轻便的身体背后隐藏着令人惊讶的毁灭性力量。从重量角度而言，它们是现今最强大的鸟。猛禽的生活方式（猎物类型、捕猎方法、栖息地）已经大大改变了其身体结构，尤其是体形大小及头、喙、尾巴、翅膀、腿及爪子的形态和大小。大型猛禽，如非洲冕雕、哈比鹰和白肩雕，可以瞬间杀死重达 10 千克的哺乳动物，并用巨大的喙将其肢解。

猛禽（以禽类为食），趾长而发达，足底有隆起部分，增加了与猎物的接触面积，有助于飞速抓住猎物。它们的喙短，如真隼（隼科）有“齿突”，其结构有助于拆解猎物的颈椎。其他以啮齿动物、两栖动物或昆虫为食的猛禽，可轻易地捕捉猎物，且不会消耗太多能量，因此其喙和爪子相对较弱且技能低。进化过程中，昼猛禽翅膀和尾巴的形状取决于其所栖居的环境类型。栖居于雨林和森林的猛禽，其翅膀宽且短，尾巴长，可轻松地活动于植被之中。相反，栖居于开放环境中的猛禽，翅膀通常窄而长，尾巴短。毫无疑问，游隼（***Falco peregrinus***）就是后一种生物的典型例子。擅长俯冲飞行猎食，其形态特征使得它们的飞行速度可达300千米/小时，以捉捕鸽子及其他拍击飞行的禽类。众多猛禽中，也可能发现捕捉大型螺的专家，如蜗鸢（***Rostrhamus sociabilis***）；鱼鹰，爪子特别，便于捉住滑滑的鱼；面部羽毛呈盘聚状的鹰（羽毛向耳朵孔聚拢），有助于在高高的草丛中发现啮齿动物的踪影。有些猛禽专门捕食黄蜂或蝙蝠，其他一些猛禽则是伺机捕食，食物种类极其丰富。捕食技能较差的猛禽，如旧大陆秃鹰和秃鹫类，几乎只以腐肉为食；美洲鹫科已失去了用爪子捕食的能力，头部无羽毛覆盖，但幸运的是其嗅觉灵敏，有助于其发现隐藏的尸体。

寻找腐肉

非洲白背兀鹫（***Gyps africanus***）可以跟随有蹄动物的迁徙等待尸体。

繁殖

猛禽主要实行一夫一妻制。繁殖周期中，几乎所有的猛禽物种雌鸟和雄鸟之间都存在显著的差异。一旦结成配偶，就选定筑巢地（须强调的是，美洲鹫科和大部分隼形目无筑巢习惯），孵卵期间及雏鸟出生后待在巢内的部分时期中，雄鸟负责向雌鸟提供食物。雏鸟可自行觅食时，雌鸟将协助其捕食。根据物种的体形大小，每窝有1~6枚卵，孵化期为28~60天。雏鸟会在巢内停留1~7个月不等。幼鸟离巢之后会依赖父母一段时间，对一些隼而言，最短为15天；对某些丛林鹰而言，则会超过1年。大部分雌鸟体形大小与雄鸟不同，这与其性别所扮演的角色有关。

分布及迁徙

隼形目鸟分布于各个大陆（南极洲和某些大洋岛屿除外）以及多样性丰富的环境中，大部分属于迁徙鸟。至少有60%的昼猛禽会进行某种季节性迁移活动，此外，有20种隼形目鸟会进行真正意义上的迁徙。

红尾鹰

又名红尾鵟（*Buteo jamaicensis*），秋季从繁殖地进行迁徙。在北美洲分布广泛。

感官

隼形目鸟视觉极其敏锐。这种发达的感官，对捕猎起着至关重要的作用，如白头鹰和猎隼，它们可以发现10千米远的鸨鸟。虽然其听觉不如哺乳动物，但也具备良好的听觉。其他感官欠发达。

视觉

眼睛由坚固的眉骨和透明膜或第三眼睑保护，避免眼球在攻击猎物时有任何损害。视网膜有两个中央凹，使得眼睛具备高感光度。眼睛相对较大，具有高感光度，使其可精准地发现远处的猎物。

视线范围

眼睛位置决定视线范围。人的眼睛位于头的正面，而大部分猛禽的眼睛位于侧面，因此视线范围更广。

人

双目视线。眼睛总是在同一区域移动。它们不能独立运作。

鹰

视线角度超过300度。每只眼睛都可望向不同区域（单目视线），只在望向前方时聚集在一起（双目视线）。

凭借视觉猎食
渔鹰凭借其敏锐的视觉，可从空中发现鱼类。

致命的毒药
带毒的肉会对加州秃鹰造成威胁，摄入有毒的肉时，它们觉察不到那致命的味道。

触觉

许多昼猛禽全身触觉都很发达，尤其是喙和脚部区域，如白头海雕（*Haliaeetus leucocephalus*）。某些隼形目鸟舌头触觉也很灵敏。

嗅觉和味觉

虽然鼻腔较大，但嗅觉并不灵敏。比如白头海雕，就无法发现被白雪覆盖的腐肉。但是也有例外，某些秃鹫拥有较好的嗅觉。通常它们的味觉并不发达，大部分猛禽的舌头只有很少的味蕾。

穿孔的喙
鼻孔较深。大脑嗅叶比其他鸟大。

黑美洲鹫和雕
凭借其灵敏的嗅觉发现腐肉。

3平方千米

白头海雕飞到300米的高空时，可探测到猎物的范围。

白尾鹞
与其他隼类不同的是，白尾鹞凭借听觉发现猎物。

耳腔
几乎与眼圈一般大小。在耳朵周围呈螺旋状分布。

耳朵

耳朵虽然比哺乳动物简单，缺少外耳，某些鸟的耳朵处还覆盖有坚硬的羽毛，但昼猛禽听觉良好。许多昼猛禽耳朵处覆盖有一层薄薄的羽毛，这并不干扰声波的传递。与人一样，内耳道影响平衡。

凭借听觉猎食
隼形目中，鹞的听觉最发达。

秃鹰、秃鹫及其近亲

门：脊索动物门

纲：鸟纲

目：隼形目

科：美洲鹫科

种：9

它们是新大陆秃鹫。不筑巢，秃鹰只产1枚卵，秃鹫产2枚卵。猛禽之中，其孵化期和照料雏鸟的时间最长。无鸣管，因此无法发出声音。它们是食腐动物，也吃卵和垂死的雏鸟，甚至是果实。头部、颈部无羽毛，皮肤裸露在阳光下，有助于保持卫生和健康。

Cathartes aura

红头美洲鹫

体长：62~76 厘米
体重：1~2 千克
翼展：1.7~1.83 米
社会单位：群居
保护状况：无危
分布范围：从加拿大南部至火地岛和马尔维纳斯群岛

红头美洲鹫分布最为广泛。通常与黑美洲鹫一同栖居于平原、沙漠、森林和雨林中。在中美洲地区，与其他猛禽一同进行迁徙。它们的嗅觉敏锐，较其他亲缘鸟发达，有助于其发现尸体。雌雄亲鸟共同抚育雏鸟。

Coragyps atratus

黑美洲鹫

体长：56~74 厘米
体重：1.18~1.94 千克
翼展：1.37~1.5 米
社会单位：群居
保护状况：无危
分布范围：从北美洲东南部至巴塔哥尼亚中部

黑美洲鹫是群居鸟，栖居于森林和草原中。它们很大一部分的成功在于能够利用废弃物。它们会毫不迟疑地攻击活的猎物，如雏鸟或小型哺乳动物，会聚集在海滩上以捕捉小海龟。在沟壑、树木的凹洞甚至是建筑物的孔洞等各类地方产卵，一般为2枚。孵化期为35天，出生70天后，雏鸟离巢。

Sarcoramphus papa

王鹫

体长：71~81 厘米
体重：3~4.5 千克
翼展：1.8~1.98 米
社会单位：独居
保护状况：无危
分布范围：从墨西哥中部至阿根廷北部

王鹫中等大小，但体形肥胖，翅膀极宽，尾短而方。它们的羽毛颜色鲜艳，头部五颜六色，眼睛呈白色，这在美洲鹫科中是独一无二的。王鹫多栖居于热带雨林，有时也活动于林木丛生的平原、草原及海拔1000~1500米的牲畜牧场中。在所有新大陆秃鹫中，王鹫的头骨和喙最为强大，因此其他鹫会让王鹫先切尸体。它们一般只以皮和最硬的组织为食，若栖息地缺乏腐肉，则以毛瑞榈果为食。雌雄几乎没有异形，无论大小还是羽毛都非常相似。与其他鹫不同的是，王鹫不会进行迁徙。雌鸟只产1枚卵，孵化期为8周。

Vultur gryphus

安第斯神鹫

体长：1~1.22 米
体重：9.2~12 千克
翼展：3.2 米
社会单位：独居或群居
保护状况：近危
分布范围：安第斯山脉，从委内瑞拉至火地岛

安第斯神鹫重量达 12 千克，翼展超过 3 米，是体形最大的猛禽。独自、成对或成大群（多达 60 只）飞行。借助热气流上升，可飞至 5000 米的高空，期间滑翔飞行和拍击飞行皆有。雄鸟体形大于雌鸟，喙及前额有一突出的隆起部分。雌鸟在岩壁上人迹罕至的壁架中产卵，仅产 1 枚。孵化期为两个月，雌雄鸟共同孵卵及照料雏鸟，雏鸟在巢中停留约 6 个月。雏鸟离巢后须再过 6 个月才可独立。幼鸟约 6 岁时性成熟，寿命往往可超过 50 年。

Pandion haliaetus

鹗

体长：50~66 厘米
体重：1.12~2.05 千克
翼展：1.45~1.7 米
社会单位：独居或群居
保护状况：无危
分布范围：全球

与其他猛禽（如鹰）相似，其特征有助于其捕食鱼类。脚趾上有尖锐的短刺，爪子尖利，可以在 0.01 秒内闭合，一个外趾可向后反转，类似于攀禽，喙弯曲且坚实，拥有大量小肠，这些功能特征都有助于其捕鱼和消化。具备迁徙习性，一只鹗一生可奔跑近 10 万千米。它们会筑造较大的巢穴，并产下 3 枚卵。孵化期为 5 周。雏鸟出生 55 天后才能独立。

Gymnogyps californianus

加州兀鹫

体长：1.1~1.27 米
体重：9~11 千克
翼展：2.5~2.9 米
社会单位：群居
保护状况：极危
分布范围：北美洲西部中心

加州兀鹫是世界上最大的飞禽之一。与身体相比，头相对较小，其特点是羽毛颜色发红，色调会随它们心情的变化发生改变。

保护

栖息地变化以及化学物中毒，促使人们于1987 年开始开展保护最后22 只加州兀鹫的项目。如今其数量已达 280 只，其中150 只被加利福尼亚州和亚利桑那州重新引入。

Sagittarius serpentarius

蛇鹫

体长：1.12~1.5 米
体重：3.4~3.8 千克
翼展：1.5~2.1 米
社会单位：独居或小群居
保护状况：无危
分布范围：撒哈拉以南的非洲

蛇鹫的体形如鹰般大小，但腿极长，有头冠，尾部中央尾羽长。与其他猛禽不同，蛇鹫是隼形目中唯一被单独列为一科的代表。它们首选的栖息地是草原和灌木丛。虽然擅长飞行，但大部分时间在地面上行走觅食，与配偶或小家族群巡视领地。以爬行动物、小型哺乳动物、蜥蜴、昆虫、鸟卵和雏鸟为食。巢为直径达 3 米的宽阔平台。每窝有 2~3 枚卵，孵化期为 45 天。喂食方式和秃鹫及秃鹰一样，亲鸟从口中吐出食物喂给雏鸟。

鹰、雕及其近亲

门：脊索动物门

纲：鸟纲

目：隼形目

科：鹰科

种：252

鹰科是隼形目中数量最多的一科。虽然所有的鹰科物种之间存在很大差异，但也具备一系列的相同特征。相同的痉挛性机制，用于闭合爪子和杀死猎物；雌鸟体形大于雄鸟；相同的换羽模式；视觉敏锐；在特定的位置孵化；有相似的盐分泌鼻腺体。

Hamirostra melanosternon

黑胸钩嘴鸢

体长：51~61 厘米
体重：1.2~1.4 千克
翼展：1.45 米
社会单位：独居或小群居
保护状况：无危
分布范围：澳大利亚

黑胸钩嘴鸢体形较大，外观与某些鹰相似。栖息于各类环境中，从森林到沙漠皆有。通常独居，偶尔也与其他鸟一同觅食和过夜。它们是一种强大的猛禽，身体结实，喙长，翅膀长，尾巴短。受饮食方式影响，其形态和飞行方式与蛇鹫相似。其食物包括爬行动物（如蜥蜴）、哺乳动物（如兔子）以及鸸鹋卵。有时它们在取食时会做出非常惊人的行为，比如它们可以叼住石头打破巨大的鸸鹋卵。有趣的是，某些黑胸钩嘴鸢还多次照料其他猛禽的雏鸟直至其长大。

Elanoides forficatus

燕尾鸢

体长：52~62 厘米
体重：500 克
翼展：1.3 米
社会单位：群居
保护状况：无危
分布范围：美国南部至阿根廷北部

尾巴
燕尾鸢的气动结构对其卓越的飞行本领起着关键作用。

燕尾鸢栖居于湿地、森林和热带稀树草原，翅膀长且尖，尾巴极长且分叉，这些特征都赋予了其卓越的飞行本领。正是因为拥有如此强的移动技巧，燕尾鸢才具备了飞行中捕猎的高超能力，如此它们才能捕捉昆虫、蜂窝或爬行动物，并在空中将其吞食，甚至可以将树上的鸟巢整个撕掉，然后吃掉雏鸟。它们是群居物种，拥有迁徙习性。雌雄亲鸟共同筑巢，然后孵卵。雌鸟在巢中产下 2~3 枚卵，孵化期为 28 天，雏鸟出生 36~42 天后即可离巢。

Rostrhamus sociabilis

蜗鸢

体长：39~48 厘米
体重：304~413 克
翼展：1.2 米
社会单位：群居
保护状况：无危
分布范围：美国东南部至阿根廷中部

蜗鸢主要以蜗牛为食。凭借高度弯曲的喙把小柱状的肌肉从蜗牛的外壳中分离出来。以较大集群栖居于湿地。雏鸟出生后，仅在巢内待短短的 23~28 天。这也反映出它们超强的捕食能力。

羽毛
整体呈黑色，与臀部的白色羽毛形成对比，眼睛、脸和腿呈深红色。

Haliaeetus leucocephalus

白头海雕

体长：70~90 厘米
体重：4~6.8 千克
翼展：3.1 米
社会单位：独居或群居
保护状况：无危
分布范围：美国阿拉斯加州至墨西哥北部

白头海雕主要以鲑鱼和鳟鱼为食。栖居于海洋海岸、河流和湖泊附近的针叶林中，并在此筑巢，巢穴长可达 6 米。捕食海鸟和大小不一的哺乳动物，甚至也吃腐肉。可在飞行中抢夺其他猛禽捕猎的鱼。飞行中可以从 100 米的高空进行俯冲或在水面上飞行，以惊吓鸭子和海雀。出生 5 年后即可长成成鸟，拥有不同的羽毛，达到性成熟。雌鸟产卵可达 3 枚，孵化期为 5 周。雏鸟出生 70 天后离巢。

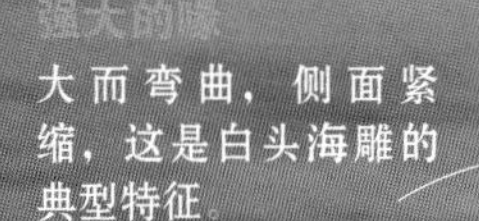

Gypaetus barbatus

胡兀鹫

体长：0.94~1.25 米
体重：4.5~7.1 千克
翼展：2.8 米
社会单位：独居
保护状况：无危
分布范围：欧洲、亚洲和非洲

和其他鹫类不同的是，其头部有羽毛，因此而得名胡兀鹫。栖居于山地中，可飞至海拔 7500 米高处。主要以骨髓为食，可从 60 米高处扑向岩石海岬，并将骨髓打碎，有时也扑向乌龟和鹈鹕卵。

Milvus migrans

黑鸢

体长：46~66 厘米
体重：0.757~1.6 千克
翼展：1.3~1.55 米
社会单位：群居
保护状况：无危
分布范围：欧亚大陆、非洲和澳大拉西亚

黑鸢栖居于城市及气候温暖的港口附近，并在此觅食。黑鸢自信且大胆，敢从人身上抢夺食物，也可捕捉飞行中的小鸟和昆虫。以集群筑巢，不太紧凑，一个群落最多有 30 个巢穴。

Gyps africanus

非洲白背兀鹫

体长：79~90 厘米
体重：5.05~7.71 千克
翼展：2.18~2.2 米
社会单位：群居
保护状况：近危
分布范围：撒哈拉以南的非洲

非洲白背兀鹫常见于非洲平原、草原及东部山区，是主要的食腐鸟。在其分布区域中，有一种名叫黑白兀鹫的竞争者，这种鹫偏好气候更干旱的沙漠地区。与其他兀鹫不同的是，非洲白背兀鹫喙短，上颚边缘尖锐，尾部仅有 12 支尾羽，而非 14 支。旱季初期在树上筑巢。每只雌鸟仅产 1 枚卵，孵化期约为 56 天。雌雄鸟共同给雏鸟喂食，雏鸟出生 4 个月后离巢。

Terathopius ecaudatus

短尾雕

体长：55~70 厘米
体重：1.8~3 千克
翼展：1.68~1.9 米
社会单位：独居，有时小群居
保护状况：近危
分布范围：非洲中部及南部

短尾雕的喙呈黄色，喙端呈黑色。喙蜡膜、裸露的面部和腿呈大红色。雄鸟呈黑色，背部和尾巴呈栗色或米色。雌鸟与雄鸟相似，但其次级羽毛呈灰色，末端呈黑色。幼鸟羽毛通体为棕褐色。翅膀长，尾巴短。

栖居于开放环境中，如草原或草地。它们可以通过低空直线飞行来觅食，可捕食 55~200 平方千米内的猎物。食物包括哺乳动物、鸟类、爬行动物和腐肉。9 月至次年 5 月是繁殖季节。

外观

体形丰满，颈粗，头部相对较大。

饮食

与其他雕不同的是，短尾雕仅食用少量的蛇。

Spilornis cheela

蛇雕

体长：50~74 厘米
体重：0.6~1.8 千克
翼展：1.09~1.69 米
社会单位：独居或小群居
保护状况：无危
分布范围：亚洲东部和南部

蛇雕的整体呈棕褐色，带发白的斑点；头部呈黑色，冠部带斑点。翅膀和尾巴处有一道显眼的近顶生白色带，在飞行中易于识别。栖息于海拔高达 3000 米的各种环境中，如雨林、森林或山脉，但总是在树上栖息。常常独自或成群在高空中进行环状飞行。食物包括爬行动物、两栖动物和小型啮齿动物。

Circus aeruginosus

白头鹞

体长：43~54 厘米
体重：405~960 克
翼展：1.15~1.45 米
社会单位：群居
保护状况：无危
分布范围：欧洲、中东、亚洲中部及北部、非洲部分地区

白头鹞的头部呈栗色，带深褐色条纹；整体颜色呈棕褐色。主要栖居于富含芦苇和香蒲的湿地，以小型哺乳动物、鸟类、爬行动物、鱼类、昆虫和腐肉为食。可在多个时期内，与同一个配偶结成夫妻。在水生植被内，用沼泽植物构建平台筑成巢穴，每窝有 4~5 枚卵。

Melierax canorus

淡色歌鹰

体长：50~60 厘米
体重：0.5~1 千克
翼展：1.02~1.23 米
社会单位：独居或成对
保护状况：无危
分布范围：非洲南部

淡色歌鹰雌雄相似，背部呈浅灰蓝色；腹部呈白色，带细条纹，臀部呈白色。栖居于草原、丛林和沙漠地区。以蜥蜴和啮齿动物为食，也吃昆虫、鸟、小型哺乳动物和腐肉。在暴露的栖木上潜伏猎食。在 6 月至次年 3 月筑巢繁衍。用枝丫筑巢，每窝有 1~2 枚卵，孵化期约达 5 周。

Accipiter nisus

雀鹰

本长：28~40 厘米
本重：105~350 克
翼展：56~78 厘米
社会单位：独居或成对
保护状况：无危
分布范围：欧洲、亚洲和非洲部分地区

雀鹰是欧亚大陆最常见的猛禽之一。栖居于茂密的森林或灌木丛区以及相邻的开放区域。在欧洲，雀鹰是一种留鸟；但生活在古北区北部的雀鹰，冬季会向南迁徙。雄鸟呈灰褐色，腹部呈白色，带肉色细条纹。雌鸟与雄鸟相似，但眉细，颜色发白，面部带棕褐色条纹，颈背处有颜色发白的斑。主要以鸟为食，通常对在地上休息的小型鸟类发动突然袭击，有时也在植被中追逐鸟类并在飞行过程中将其捕获。

繁殖季节来临时，雌雄鸟都会进行飞行展示，包括高空飞行、环状飞行及静止的拍打飞行等。在树上或灌木丛中，用树枝构建小平台，用更细的枝丫、树皮和叶子覆盖，形成巢穴。雀鹰每窝有3~7 枚卵，孵化期约为 34 天。出生后的数周内，由雌鸟照料雏鸟，雄鸟则负责觅食。

迁徙路线
迁徙季节，每天有1000 多只雀鹰进行迁徙。据估计，全球现有雀鹰数量超过百万。

Accipiter cooperii

鸡鹰

体长：37~47 厘米
体重：235~678 克
翼展：64~87 厘米
社会单位：独居或成对
保护状况：无危
分布范围：北美洲中部及南部

飞行中
翅膀看起来圆而短。

带条纹的尾巴
条纹宽度相同，呈灰色或棕褐色，深浅相间。

鸡鹰的背部呈蓝灰色，面部呈桂棕色，带深褐色条纹；腹部白色，带桂棕色条纹。雌鸟与雄鸟相似，但其背部呈棕褐色。头大而方，有助于与其他美洲鹰等进行区别。栖居于森林地区，但若森林非常茂密，则偏好森林边缘地带。

主要以鸟类和小型哺乳动物为食，有时也吃爬行动物、昆虫和鱼类。主要在栖木上伏击猎物。此外，也捕食飞行中的鸟和蝙蝠。在高树的主树干上用枝丫筑巢，每窝有 4~5 枚卵，孵化期约为 5 周。

Geranospiza caerulescens

鹤鹰

体长：38~54 厘米
体重：235~430 克
翼展：0.76~1.11 米
社会单位：独居或成对
保护状况：无危
分布范围：中美洲及南美洲

鹤鹰的羽毛呈灰色，或带有均匀的微黑细条纹，眼睛和腿呈橙红色。尾巴颜色发黑，带两条白色或桂色条带。通常栖居于水体附近的雨林、森林和草原中。在树上觅食，在孔隙和凤梨等的叶子之间仔细寻找食物。吃树洞中的雏鸟，如鹦鹉，鹤鹰用它们的长腿把食物掏出来。此外，它们也吃昆虫、蛇及其他树栖动物。用树枝、青苔和叶子筑巢，每窝有 1~2 枚卵。

识别标记
与其他种类的区别之处在于，翅膀尖端有一条弯弯的白色条带。

Buteogallus urubitinga

大黑鸡鵟

体长：55~67 厘米
体重：0.85~1.56 千克
翼展：1.13~1.36 米
社会单位：独居或成对
保护状况：无危
分布范围：中美洲及南美洲

大黑鸡鵟的整体呈黑色，喙和腿呈黄色，尾基和尾端处呈白色。尾下部分也为白色，这便是大黑鸡鵟的不同之处。幼鸟背部呈深棕褐色，边缘呈红褐色和白色。通常栖居于海拔高至 1900 米的水体附近的雨林和森林草原中。此外，也活动于松树及其他树木的种植园中。

食物包括蛇、蜥蜴、小型哺乳动物、鱼类、大型昆虫、腐肉以及果实。

它们通常在高处休息，并长时间处于静止保护状态。进行长时间的拍打飞行，并发出重复的“哔哔”声；下降到一半后，还会长鸣。在繁殖季节，单独或成对进行环状飞行。用树枝筑巢，每窝有 1~2 枚卵，孵化期约为 40 天。

为食而战
通常与具有相同生活习性的其他物种（如秃鹰）争夺腐肉。

外观
大且壮，特别之处在于其尾基和尾端呈白色。

Geranoaetus melanoleucus

鵟雕

体长：60~76 厘米
体重：1.7~3.2 千克
翼展：1.49~1.84 米
社会单位：独居或成对
保护状况：无危
分布范围：南美洲

鵟雕的背部呈深灰色，肩部颜色较浅，带黑色细条纹。喉部和胸上部也呈灰色，有白斑。尾巴呈灰褐色，带细条纹。主要栖居于海拔高至 4500 米的山区、林地、森林草原和丛林中。常常在裸露的岩石、树木或电线杆上休息，并借助热流飞向高空，呈环状飞行。

主要以中型哺乳动物为食，如野兔，也吃蛇、鸟和腐肉。

在悬崖或树木高处用大树枝建造一个大平台为巢，每窝产 2~3 枚卵，孵化期约为 1 个月。

独特的轮廓
翅膀宽，尾巴短，这些特征使鵟雕在飞行中很容易被辨别。

胸部图案
呈盾形，因此该物种又名盾雕。

钩状喙
是本目鸟的典型特征，喙基周围呈黄色，喙端发灰。用喙杀死猎物并将其撕裂。

Buteo buteo

普通鵟

本长：40~52 厘米
本重：0.42~1.36 千克
翼展：1.09~1.36 米
社会单位：独居或成对
保护状况：无危
分布范围：欧洲、亚洲和非洲部分地区

普通鵟是欧洲分布最广且最常见的猛禽之一，其羽毛颜色与其余众多猛禽不同。体形大小中等，壮实。雄鸟的典型特征是羽毛呈深褐色。尾巴呈灰棕褐色，带条纹，端部条纹较宽；喉部发白，带棕褐色条纹；胸部呈深棕色；腹部颜色发白，带棕褐色条纹。

栖居于树林、草地和种植区以及海拔高达 2500 米的石漠化海岸区。常常进行高空环状飞行；求偶期间，雌雄鸟会在空中进行飞行展示。用棍棒和绿色植被构建平台，形成巢穴，上面覆有绿色植物材料，并在来年继续使用。每窝有 2~4 枚卵，孵化期约为 5 周。

它们以小型哺乳动物为食，如啮齿动物以及鸟、爬行动物和蛇。

Parabuteo unicinctus

栗翅鹰

体长：45~59 厘米
体重：0.55~1.2 千克
翼展：0.92~1.21 米
社会单位：独居或群居
保护状况：无危
分布范围：北美洲南部、中美洲及南美洲部分地区

栗翅鹰通常栖居于海拔高至 1900 米处的水体附近的开阔林地中。以中型哺乳动物，如野兔、兔子和豚鼠为食，也吃鸟类、爬行动物和腐肉。主要靠低空飞行觅食，虽然有时也从栖木上伏击猎物，或以小集群猎食。繁殖季节，常常独自、结对或成小群在高空呈环状飞行。在高度各异的树木或灌木上筑巢，巢穴不稳定。每窝有 2~3 枚卵，孵化期约为 5 周。

Pithecophaga jefferyi

食猿雕

体长：0.9~1 米
体重：4.7~8 千克
翼展：1.84~2.02 米
社会单位：独居或成对
保护状况：极危
分布范围：菲律宾

食猿雕的体形大，背部呈褐色，腹部部分羽毛呈乳白色。喙大且高；冠直立，带棕褐色条纹；颈背也呈棕褐色。腿短，脚上有大爪子。翅膀相对较短且圆。栖居于海拔为 150~1800 米高的龙脑香科丛林中。

主要以大小各异的哺乳动物为食，包括鸟、蝙蝠和鼯鼠。伏击猎物或以合作的方式捕猎猴子。

实行一夫一妻制，终身只有一个配偶。在大树的主干上，用棍棒搭建平台（高达 1.5 米），并衬以绿叶。每窝有 1~2 枚卵，孵化期为 2 个月。雏鸟出生 15 周后长满羽毛。一个完整的繁殖期长约 2 年。

保护

森林破坏是食猿雕长期面临的主要威胁。设陷阱捕杀或非法猎杀是其数量减少的重要原因。

Aquila pomarina

小乌雕

体长：55~67 厘米
体重：1~2.2 千克
翼展：1.46~1.68 米
社会单位：独居或成对
保护状况：无危
分布范围：欧洲、亚洲东南部和非洲热带地区

小乌雕的体形中等，整体呈棕褐色，翅膀颜色发黑，覆羽带白斑。雌鸟和雏鸟羽毛呈较深的褐色，颈背处有肉红色斑。栖居于开阔的落叶和针叶林中。主要以小型啮齿动物为食，也吃两栖动物、爬行动物、小鸟和昆虫。栖居于欧洲的小乌雕冬季时向非洲南部迁徙，而生活在印度和马来西亚地区的小乌雕却没有迁徙习性。

Hieraaetus spilogaster

非洲隼雕

体长：55~62 厘米
体重：1.15~1.75 千克
翼展：1.13~1.38 米
社会单位：独居或成对
保护状况：无危
分布范围：非洲

非洲隼雕的背部呈黑色，有白色斑点；腹部呈白色，带黑斑。腹侧翅膀和尾巴呈白色，带黑色条带。雌鸟背部呈深棕褐色，腹部呈肉棕色，只胸部表面有条纹。

栖居于开阔树林中，也可在海拔为 3000 米高的种植地和林场中发现其踪影。

主要以鸟和哺乳动物为食，有时也吃蜥蜴、蛇和腐肉。在栖木上伏击猎物。

在树干分叉或侧面枝丫末端处筑巢，巢穴直径可达 1 米，深度达 70 厘米。每窝有 1~3 枚卵，孵化期约为 6 周。

较短的翅膀和尾巴
可依据该特点区分同种类鹰。

Aquila rapax

茶色雕

体长：60~72 厘米
体重：1.7~2.5 千克
翼展：1.59~1.83 米
社会单位：独居、成对或小集群
保护状况：无危
分布范围：亚洲南部、非洲部分地区

茶色雕的整体呈棕褐色，颜色深、浅或发红皆可能，取决于品种。腿上长满羽毛。

栖息于海拔高至 3000 米的开阔潮湿或干燥的森林中，但更多时候栖居于地势较低的地方。主要以哺乳动物、爬行动物和鸟为食，也吃昆虫和腐肉。主要在地面上觅食，在栖木上伏击猎物。会盗取其他猛禽的食物，甚至是追赶它们直至它们松开食物为止。在树的高处，用树枝搭建平台，并衬以草、叶子和羽毛。每窝有 1~3 枚卵。

Aquila verreauxii

黑雕

体长：78~90 厘米
体重：3~5.8 千克
翼展：1.81~2.19 米
社会单位：独居或成对
保护状况：无危
分布范围：非洲部分地区

黑雕全身羽毛呈黑色，唯一例外的是背部有白色“V”形区。飞行时，可以看到黑色翅膀末端处有两扇白色的“窗户”。可进行深度拍击飞行，或放平翅膀或稍微抬起翅膀进行滑翔。栖居于海拔高至 5000 米的山区及悬崖处。以蹄兔为食，另外还吃少量的哺乳动物、鸟和爬行动物等。在岩石突起区域或小洞穴中筑巢。

Polemaetus bellicosus

猛雕

体长：78~96 厘米
体重：3.01~5.66 千克
翼展：1.88~2.27 米
社会单位：独居或成对
保护状况：近危
分布范围：非洲部分地区

猛雕背部呈灰棕褐色，头颈部和上胸部颜色较深。冠短。栖居于开放森林、林地草原和灌木草原中，海拔可高至 3000 米。食物包括哺乳动物、鸟、爬行动物及少量腐肉。通常在某些高树上待着等候猎物。也在飞行中觅食，或掠夺其他鸟类的食物。用小树枝搭建平台为巢，直径可达 2 米。每窝有 1~2 枚卵，孵化期约 50 天。

Aquila chrysaetos

金雕

体长：66~90 厘米
体重：2.8~6.7 千克
翼展：1.8~2.34 米
社会单位：独居或成对
保护状况：无危
分布范围：欧洲、亚洲、北美洲和非洲北部

独特标记
颈背部和颈部边缘有斑点，颜色从肉桂色到棕色皆有。

金雕的体形大，栖息地类型多样化，主要为山区和开放性环境，从北部的亚北极寒冷地区到南部热带地区皆可发现其踪影。整体呈深棕褐色，尾巴呈灰色。

主要以哺乳动物和中型鸟类为食，也吃爬行动物、两栖动物、鱼类、昆虫和腐肉。常常低空飞行觅食，用爪子捕捉猎物。有时也在飞行中撞击其他鸟类而将其捕获。

实行一夫一妻制。通常用枝丫筑巢，并用树叶和较细的枝丫覆盖；巢穴大，直径可达 2 米。每对金雕在同一领地上可有多个巢穴。雌鸟产 1~2 枚卵，孵化期约为 45 天。雌雄亲鸟共同给雏鸟喂食。雏鸟出生 10 周后开始飞行，但需生长 4~7 年，方可完全成熟，并长出成鸟羽毛。

一部分金雕拥有迁徙习性，而其余的却长期定居于某地。

Harpia harpyja

角雕

体长：0.89~1.02 米
体重：4~9 千克
翼展：1.76~2.01 米
社会单位：独居或成对
保护状况：近危
分布范围：阿根廷北部至墨西哥南部

角雕的体形大，是世界上最强大的雕之一，翅膀大，且宽而圆。头部呈灰色，直立的冠为黑色，两端有尖；背部和胸部呈黑色。腿部无羽毛，很粗，后趾甲大，长达 7 厘米。主要以树栖哺乳动物为食，如树懒及其他猴子；此外，也吃陆栖哺乳动物，如狐狸、刺豚鼠及墨西哥鹿。伏击猎食或沿丛林树冠飞行觅食。也可在树木之间追踪猎物。每隔 2~3 年进行繁殖。雏鸟出生 5 个月后，开始长满羽毛，随后仍需在巢穴内待 8~10 个月。

捕猎训练

金雕（*Aquila chrysaetos*）具备多种捕猎技巧，在高空滑翔，寻找猎物；在树木上停歇，直至发现附近的猎物；或持续低空飞行，靠近猎物，将其吞噬。它们凭借这些方法，捕捉大量小型哺乳动物，其中包括野兔、幼小狐狸和啮齿动物。野生环境中，金雕的目标仅为那些小型或中等体形的猎物。经过圈养和足够的训练之后，它们可以将爪子伸向那些体形是其5倍大的动物。因此，金雕是接受训练最多的猎鹰之一。

亚洲猎鹰

如图所示，在海岬上，一位猎人握着一只翼展超过2米长的金雕，骑在马背上，准备着待金雕开始追踪猎物时，即向下方驰骋而去。目的是在金雕用其爪子抓破猎物皮肤之前及时赶到。

高效捕猎

用翅膀和尾巴将飞行速度控制在160千米/小时，用后腿和爪子夹住狐狸，并攻击其头部，使其无法动弹。

猎人使用雌性金雕捕猎，因为雌性更强大且更具攻击力。比雄性重1/3。雌性视觉极其敏锐，是人类视力的8倍之多。

真隼及其近亲

门：脊索动物门

纲：鸟纲

目：隼形目

科：隼科

属：11

种：60

真隼、小隼、凤头巨隼及林隼组成了隼科。与其他用爪子杀死猎物的鹰科鸟不同的是，隼借助其强大的喙杀死猎物。隼的颈短，身体结实，胸椎骨融合，尾巴带骨头，并有两块孵化斑块。大部分隼胸肌很发达。

Caracara plancus

巨隼

体长：54~66 厘米
体重：1.25~1.6 千克
翼展：1.08~1.44 米
社会单位：独居
保护状况：无危
分布范围：南美洲东部、中部和南部

巨隼栖居于开阔地带和山区边缘。脸上部分区域无羽毛覆盖，颈长，喙强壮，边缘密实；从其腿和趾可以看出，巨隼属于机会主义鸟。它们食腐肉，常活动于路边，寻觅道路上的动物尸体为食。与真隼不同的是，巨隼在树上或灌木中筑巢。每只雌鸟产 2~4 枚红棕色的卵。孵化期为 1 个月。它们的脖子常常往后伸，以便发出声音，头顶和颈背处的羽毛形成一个独特的冠。

Milvago chimango

叫隼

体长：37~43 厘米
体重：290~300 克
翼展：80~99 厘米
社会单位：独居或群居
保护状况：无危
分布范围：南美洲南部

叫隼栖居于植被不太高的海岸至平原区域以及海拔高至 1000 米的稀疏森林中。是机会主义鸟，以腐肉和小动物为食。喙脆弱。成对筑巢，每窝有 2~5 枚卵，孵化期为 1 个月。雏鸟出生 5 周后离巢。

无性别二态性
雌雄相似，颜色和体形大小都差不多。

Micrastur gilvicollis

线纹林隼

体长：34~38 厘米
翼展：51~60 厘米
社会单位：独居
保护状况：无危
分布范围：南美洲西北部

线纹林隼仅栖居于亚马孙北部和西部的湿润森林中。翅膀短而宽，尾巴长且宽，有助于其在雨林中穿行。喙短而壮，但不是锯齿状。鼻孔呈圆形，中央部分有一个结节（与真隼一样）。通常凭借听觉来定位猎物。耳朵周围的羽毛有助于将声音传向大大的耳孔。

线纹林隼的跗骨长，有助于其在雨林地面上快速移动，并捕捉各类猎物，从大型昆虫到蜥蜴皆有。

Falco femoralis

黄腹隼

体长：35~45 厘米
体重：260~407 克
翼展：0.76~1.02 米
社会单位：独居
保护状况：无危
分布范围：美国南部至火地岛

黄腹隼的独特之处为尾巴长、翅膀宽。这些特征，再加上软软的羽毛，都有助于黄腹隼轻松地穿行于植被之间。它们栖居于森林、草原和草地相间的开放性区域，海拔可达 4000 米。不筑巢，使用叫隼的巢，以鸟为食。采用协同方式捕猎，雌鸟和雄鸟分工明确。

Polihierax semitorquatus

非洲侏隼

体长：18~21 厘米
体重：50~60 克
翼展：34~40 厘米
社会单位：群居
保护状况：无危
分布范围：非洲东南部和南部

非洲侏隼栖居于灌木丛和沙漠中。有两种不同的非洲侏隼，相互独立。一种分布于苏丹南部至坦桑尼亚北部，另一种分布于安哥拉南部至南非北部。无迁徙习性，翅膀短且尖，尾巴短而方，喙呈齿形。主要以昆虫为食，也吃蜥蜴和鸟。偏爱侵占群居织巢鸟和白头牛文鸟的巨型公共巢穴。虽然有时候非洲侏隼也会抢夺织布鸟的食物，但通常它们是持续时间最久的合作者，因为织布鸟会保护非洲侏隼，免遭其他捕食者的攻击。雌雄存在明显差别，雌鸟背部颜色发红。

齿形喙
这是非洲侏隼与其他隼科鸟的不同之处。

篡位者
与其他隼科鸟一样，其特点在于不筑巢，而是占用其他鸟的巢穴。

Falco columbarius

灰背隼

体长：24~32 厘米
体重：159~244 克
翼展：53~73 厘米
社会单位：独居
保护状况：无危
分布范围：北半球

灰背隼的体形较小，肥胖却敏捷。栖居于开放性区域、森林及山区中。使用乌鸦和喜鹊的巢穴。雌鸟产 3~5 枚卵，孵化期为 30 天。雏鸟出生 25~27 天后即可独立。灰背隼新陈代谢快，每天需要消耗 1/3 的身体重量。这迫使它们每天至少要捕捉两只鸟，在繁殖和抚育雏鸟期间，它们捕捉麻雀的数量可达 800 只。

Falco biarmicus

地中海隼

体长：39~48 厘米
体重：500~900 克
翼展：0.88~1.13 米
社会单位：独居
保护状况：无危
分布范围：欧洲、非洲和亚洲西部

在其分布区域中，地中海隼是最常见的隼科鸟。栖息于半沙漠和干旱草原及丘陵地带，栖息地降雨量低于 625 毫米。有 4 种地中海隼，羽毛各不相同。与其他名叫猎隼和印度猎隼的沙漠隼相似。不筑巢，占用乌鸦或其他鸟类的巢穴。

Falco rusticolus

矛隼

体长：50~63 厘米
体重：1.3~2.1 千克
翼展：1.05~1.31 米
社会单位：独居
保护状况：无危
分布范围：北极和亚北极

矛隼是体形最大且最雄壮的隼。主要以雪松鸡及小型哺乳动物为食。生活在海岸上的矛隼也吃海鸥和海雀。矛隼是唯一趾上有羽毛覆盖的隼，有助于其在恶劣环境下生存。每窝有 2~7 枚卵，孵化期为 35 天。

Falco peregrinus

游隼

体长：35~50 厘米
体重：0.5~1.5 千克
翼展：1.1 米
社会单位：成对
保护状况：无危
分布范围：全球，南极洲除外

母亲的任务
雌鸟撕碎猎物，喂给雏鸟。

游隼的典型特征为国际化和具备迁徙习性。每年可飞行 2.5 万千米。飞行区域地势较低，海拔高度不超过 900 米，并进行长时间的拍击飞行或滑翔。迁徙途中，平均速度为 49 千米/小时。途中，栖居于各种自然及城市生态系统中。

饮食

主要以鸟类为食，但也吃少量的小型哺乳动物。主要猎物为鸽子。

食物链

游隼数量不是很多，每种约有 200 对。属于二级、三级乃至于四级消耗者，处于食物链的顶端。

经过训练的隼
游隼经过一种特殊的捕猎训练来用于捕捉飞行中的猎物。

高效的捕猎者

游隼被视为最擅长空中攻击的捕猎者之一。典型特征为：超级敏锐的眼睛、带钩的喙以及又大又尖的爪子。此外，飞行速度快、方式多样且敏捷，这也是其典型特征。它们进化后的形态及其拥有的气动翅膀，有助于其减少空气的阻力，最大程度提高捕猎能力，因此它们被视为世界上最快的捕食者，超过猫科动物。

空中求爱

雄鸟会展示一系列特技，包括俯冲、环状或“8”字形飞行。若雌鸟加入其中，与其成对滑翔，假装相互攻击，却相互围绕旋转，并展示爪子，那么就代表雄鸟求偶成功了。“攻击”的顶峰时刻，雌雄鸟在空中相互交换猎物。通常雄鸟会嘴对嘴地将食物喂给雌鸟或把食物放到雌鸟的爪子中。

翼尖
翅膀羽毛形成了一尖端，便于其捕食类时快速飞行。

喙
呈钩状，短、粗且壮实。喙端和边缘尖利，有助于撕裂猎物的皮肤和肉。

羽毛
背部羽毛呈灰蓝色，头部呈黑色。腹部呈浅色或乳白色，带黑色条纹。翅膀和尾巴下方有黑色或灰色条带。

1600 米
其可识别猎物的距离。

翼展
游隼翼展不是最大的。翅膀带尖，使其可以骤然改变飞行方向追捕猎物。
安第斯神鹰
3 米
蛇鹫
2.2 米
侏儒鹰
0.4 米
初级羽毛
位于翅膀末端，嵌入指骨。长、结实且硬，对飞行起主要作用。
羽干
羽轴
羽枝
300 千米/小时
最大的俯冲速度
腿和爪子
飞行中的捕猎能力取决于腿的驰骋力量和爪子抓住猎物的能力。
尖利的端
弯曲的爪子
捕猎方法
游隼凭借敏锐的视觉可以发现远处飞着的小鸟。然后会持续地拍打飞行，直至达到一定的飞行速度，对猎物发起攻击。最快速度约为300千米/小时。双翼打开，开始自由下降，捕捉猎物。
顺风飞行
进攻的时候顺着风的方向，俯冲，并用爪子撞击猎物。被攻击的猎物茫然或无意识地下降时，则会被抓住。
逆风飞行
自由下降时，从下侧翼发出攻击，游隼穿过猎物的飞行轨迹，立即用爪子捉住它。
筑巢
在远离捕食者的地面或悬崖洞穴筑巢，并在此产卵，卵带红斑。

森林和草原鸟

森林和草原是两种不同的环境，生活节奏也完全不同，它们拥有各种独特功能的物种。大部分为鸡及其近亲，包括那些对人类很有用的家禽。鹤是典型的草原鸟。令人惊奇的是，它们会和大量与其相关的鸟类一起迁徙。

一般特征

有很多物种可以在夏季炎热、冬季寒冷的恶劣草原环境中茁壮地成长。森林地区多样性更强，因此筑巢的条件更好，获取食物也更加方便，其中热带雨林中的物种最丰富。最具代表性的森林和草原鸟有两目：鸡形目（包括火鸡、鸡、雉和几内亚鸡）及鹤形目（最具代表性的有鹤及鸨鸟）。

门：脊索动物门

纲：鸟纲

目：2

科：16

种：502

身体特征

鸡形目包括250多个物种，适合陆地生活，其中有些在数千年以前就已经被驯化为家禽了。身体圆，翅膀短，头小，喙一般小且向下弯曲，喙端呈钩状，腿结实，趾甲坚硬，有助于其在石头下刨找昆虫。许多雄鸡腿后方有尖利的距，用于争斗。生活在草原上的鸡形目，如紫冠雉，腿和颈稍长。它们的消化道宽且灵活，食物完全消化之前，可留住食物。

大部分鸡形目体形小或中等，如蓝胸鹑，长11厘米，重40克；但是也有例外，家养火鸡重达20千克；雄孔雀，尾巴羽毛扇打开，长度超过2米。羽毛通常呈棕褐色或白色，有些鸡形目羽毛多彩。

鹤形目种类极多，包括鹤及鸨鸟、骨顶鸡等其他相关鸟。通常腿长，许多鹤形目都擅长奔跑，体形大小可变，小到12厘米长的黑南美田鸡，大到176厘米高的赤颈鹤（是最大的飞禽）。饮食习惯不同，喙的形状也不同。比如，秧鹤以水生无脊椎动物为食，喙长而直。通常羽毛呈褐色、灰色或黑色，带条纹。例外的是，有些鹤羽毛呈白色和黑色，头和颈部分羽毛呈红色。

隐蔽性的羽毛

红胸角雉（*Tragopan satyra*）身体上特有的斑点便于其隐蔽在其栖息的森林环境中。

运动

一般来说，鸡形目及鹤形目都更擅长行走，而不是飞行。但是这并不意味着必要情况下它们不能飞上天空。鸡形目鸟类的胸肌发达且腿强壮，所以在遇到危险时，拍打翅膀，几乎可以垂直“起飞”，以躲避危险。尼柯巴冢雉除外，这是一个濒临灭绝的物种，栖居于亚洲东南部岛屿，面对危险的第一时间，它们倾向于选择奔跑。

在鹤及其他相关鸟（包括整个属的骨顶鸡和松鸡等）中，有些品种已经失去了飞行能力。一些物种擅长游水，如鳍脚鹛，将其叶状爪子当作桨来使用。红腿叫鹤，栖居于巴西、乌拉圭和阿根廷等国的草原和森林中，起飞前，奔跑速度可达25千米/小时。有些鹤形目鸟类还进行大范围的飞行。灰鹤会以

45~70 千米 / 小时的速度，飞越数千千米，以便到达更暖和的地区过冬。亚洲的一项研究表明，迁徙期间，鸟群每月可穿越 4000 千米，途中只停歇 3~8 次。

食物

种子、块茎、芽、坚果、昆虫、蠕虫和水生动物都是鸡形目及鹤形目优选的食物，季节不同，物种不同，以上食物的消耗比例也不同。

松鸡栖居于北半球针叶林和山区中。春季，则以蓝莓为食；夏季，食草、橡子和蚂蚁蛹；秋季，以鲜浆果为食；冬季，食树木的芽、针或刺。

觅食需要付出一定程度的努力。橙脚冢雉——一种大洋洲鸡形目鸟，与鸡一般大小，可用腿移动重量是其自身重量 8 倍多的石头，以寻找石头下方掉落的种子、果实和一些昆虫及蠕虫。石鸡——一种亚洲鸡形目鸟，以种子、谷类、鳞茎、芽、茎、叶子、蟋蟀、蚂蚁和毛虫为食，冬季则在雪下觅食。

鹤形目鸟栖居或常活动于湿地、湖泊、沼泽或溪流中，如鹤及鳍脚鷉，以鱼类、软体动物和甲壳类动物为食。鹭鹤，食肉鸟，栖居于新喀里多尼亚（大洋洲群岛）森林中，以蜥蜴、田螺和蠕虫为食。红腿叫鹤以昆虫、爬行动物和两栖动物为食。

繁殖

鸡形目中，那些体形大小和羽毛颜色不存在性别二态性情况的物种，通常实行一夫一妻制。反之，若雄性羽毛色彩更加绚烂，则通常实行一夫多妻制。鹤形目中，关系多种多样，许多鹤实行一夫一妻制，但雄性鸨鸟却常有几只雌性配偶。

一些松鸡、雉和鸨鸟会在河边或沙上展示其美丽的羽毛，以吸引雌性。鸡形目中的许多雄鸟，有冠、胡须、特殊的羽毛标记及其他为其增添吸引力的装饰物。通过食道中的特殊气囊，可发出奇怪且有力的声音，以便更好地求偶和占据领地。大部分鸡形目鸟在地上和由叶子、稻草和草覆盖的浅洞中产卵。凤冠雉、火鸡（鹤形目）在树上筑巢。大洋洲冢雉以土丘为巢，以确保所需的孵化温度。鹤在不太深的水面上筑巢。

通常情况下，鸡形目及鹤形目雏鸟一般会在发育初期打破卵壳，出生后几小时、数日或最多两个月，则开始独立求生。

站在地上

大部分鸡形目和鹤形目鸟更适应行走，而不是飞行；但是必要情况下，也可快速起飞。

凤凰的传说

古代传说中，凤凰羽毛呈黄色或炽烈的红色，它们每 500 年会到达埃及一次，牺牲自己，然后从灰烬中重新崛起。一些自然学家认为，源于中国的锦鸡与其相似，羽毛颜色呈赤红和金色。

锦鸡

红腹锦鸡栖居于森林和林地中，在地面上觅食，晚上上树休息。仅在遇到危险的情况下才会飞行。

鸡、火鸡和雉

门：脊索动物门

纲：鸟纲

目：鸡形目

科：5

种：290

其中包含了大量被人类圈养的禽类，从鸡到雉类和鹑类。神秘的羽毛五颜六色，体形各异。它们的分布多样化，几乎遍布全球，甚至是北极圈的森林、湿地、沙漠、种植区以及其他环境。

Alectura lathami

丛冢雉

体长：60~70 厘米
体重：2.3 千克
社会单位：群居
保护状况：无危
分布范围：澳大利亚

丛冢雉是最大的雉。羽毛独特，呈黑色，头呈红色，胡子及颈部嗉囊呈黄色。栖居于灌木丛、热带雨林、森林及城区周围。与其他雉一样，雄鸟刨土，垒成 1 米高，直径为 4~5 米的土丘，通过湿树叶和其他有机物腐烂产生的热量来孵化卵。繁殖季节，雄鸟与一只或多只雌鸟交配之后，雄鸟允许雌鸟在其巢穴中生卵，然后用腐殖质将其覆盖。雏鸟出生时已长有羽毛，且可行走，几小时后就可以飞行了。亲鸟不会照料它们。

丛冢雉主要以种子、昆虫和掉落在地上的果实为食，尽管有时会在果实成熟后爬到树枝上吃果实。

巢
每个巢或土丘平均有20 枚卵。孵化温度为33~35℃。

Pipile jacutinga

黑额鸣冠雉

体长：63~75 厘米
体重：1.1~1.4 千克
社会单位：独居、成对和群居
保护状况：濒危
分布范围：阿根廷（米西奥内斯）、巴西和巴拉圭

黑额鸣冠雉的羽毛呈黑色，带蓝光，头小、颈细，翅膀带白斑，眼睛周围呈白色。冠呈白色，嗉囊呈红色。

通常独居，有时也成对或组成多达 10 只的群体活动。栖居于湿润雨林、河流及小溪周围，并在树木的高枝上筑造杯状的巢。雌鸟在巢穴中最多产 4 枚卵，孵化期为 28 天。主要以棕榈果及其他果实为食，也吃昆虫、软体动物、种子和芽。有些黑额鸣冠雉会根据棕榈果的成熟时间进行季节性迁徙。

人类猎食黑额鸣冠雉的肉和栖息地破坏对其生存造成了影响。比如，在巴拉圭以前有大量黑额鸣冠雉，但据估计，现仅有约 1000 只。

Penelope obscura

乌腿冠雉

体长：70~75 厘米
体重：1.2 千克
社会单位：独居、成对、群居
保护状况：无危
分布范围：阿根廷、玻利维亚、巴西、乌拉圭和巴拉圭

乌腿冠雉擅长行走，栖居于巴西南部、巴拉圭和阿根廷的森林地区，主要是河流沿岸的走廊上。食物包括种子、谷物、果实、野花、幼虫及昆虫。身体羽毛呈深棕褐色，泛绿光，喉咙皮肤呈红色；尾巴呈褐色，脸和腿呈灰色。实行一夫一妻制，雌雄鸟共同看护树上的巢穴，并照料雏鸟，直至它们长大。

Crax fasciolata

裸面凤冠雉

体长：85 厘米
体重：2.8 千克
社会单位：独居、成对、群居
保护状况：无危
分布范围：阿根廷、玻利维亚、巴西和巴拉圭

带斑纹的羽毛
雌性的独特特征，即背部、胸部和尾巴上的羽毛带斑纹。雄性背部呈蓝黑色。

冠
雌性冠呈白色和黑色，然而，雄性冠卷曲，呈黑色。

裸面凤冠雉类似于家养的火鸡，但是更瘦长。它们存在明显的性别二态性，雌鸟体形更小，腹部羽毛、腿和冠颜色与雄鸟不同。仅在遇到危险时，才在低空中沿水平方向飞行，持续时间短。

栖居于森林及雨林中。主要以草等植被、果实、谷类和花为食，也吃昆虫及幼虫。与其他雉一样，它们的存在有助于种子在森林中的扩散。

裸面凤冠雉在雨季时进行繁殖，在树上或灌木丛中筑巢，用树枝搭建平台，并用叶子、杂草茎覆盖。每窝有 2 枚卵。

Phasianus colchicus

雉鸡

体长：76 厘米
体重：1.2 千克
社会单位：独居、成对、群居
保护状况：无危
分布范围：原产于亚洲。北美洲、欧洲和大洋洲引入

雉鸡栖居于富含灌木的森林等自然环境以及谷物种植区。雄鸟的突出特征为长尾和更耀眼的羽毛色彩。一般实行一夫一妻制，但雄鸟也可与 8~10 只雌鸟结合。

在地面凹陷处筑巢，衬以草和羽毛。雌性产 8~15 枚卵，孵化期近 1 个月。雏鸟出生 80 天后即可自立。

主要以种子、谷类和果实为食，也吃昆虫、田螺和蛞蝓。仅在遇到危险时才飞行。据估计，全球现有 3 亿只雉鸡。

体形
雄鸟体形比雌鸟大，羽毛颜色更艳丽。

Meleagris gallopavo

火鸡

体长：1.2 米
体重：2.5~11 千克
社会单位：独居、群居
保护状况：无危
分布范围：原产于北美洲。澳大利亚和新西兰引入

火鸡栖居于空地附近的树林区域，也可见于草原和沼泽处。

食物多种多样，有干果、种子、果实、昆虫和蝾螈。白天觅食，夜晚在树枝上休息。根据一年的不同时期，组成 6~20 只的集群。交配之后，雌鸟在丛林中筑巢，产下 4~17 枚卵。

Pavo cristatus

蓝孔雀

体长：1~2.2 米
体重：3~5 千克
翼展：1.4~1.6 米
社会单位：独居
保护状况：无危
分布范围：印度、斯里兰卡、巴基斯坦

蓝孔雀栖居于水源附近的森林和丛林中。性别二态性特征非常明显，雄鸟颈部和头部羽毛带明亮的蓝色调。此外，它们的尾巴长，羽毛呈彩色，每年繁殖季节都会更新一次；出生第三年时，拥有成熟的性特征。雌鸟体形比雄性小，羽毛呈褐色、灰色、绿色和白色。

白天很活跃，喜独居，但繁殖季节例外。繁殖季节期间，雄鸟会用枝叶在树下或灌木丛中筑巢，可与多达 6 只雌鸟结合。每只雌鸟会产 3~5 枚卵，孵化期为 28 天。

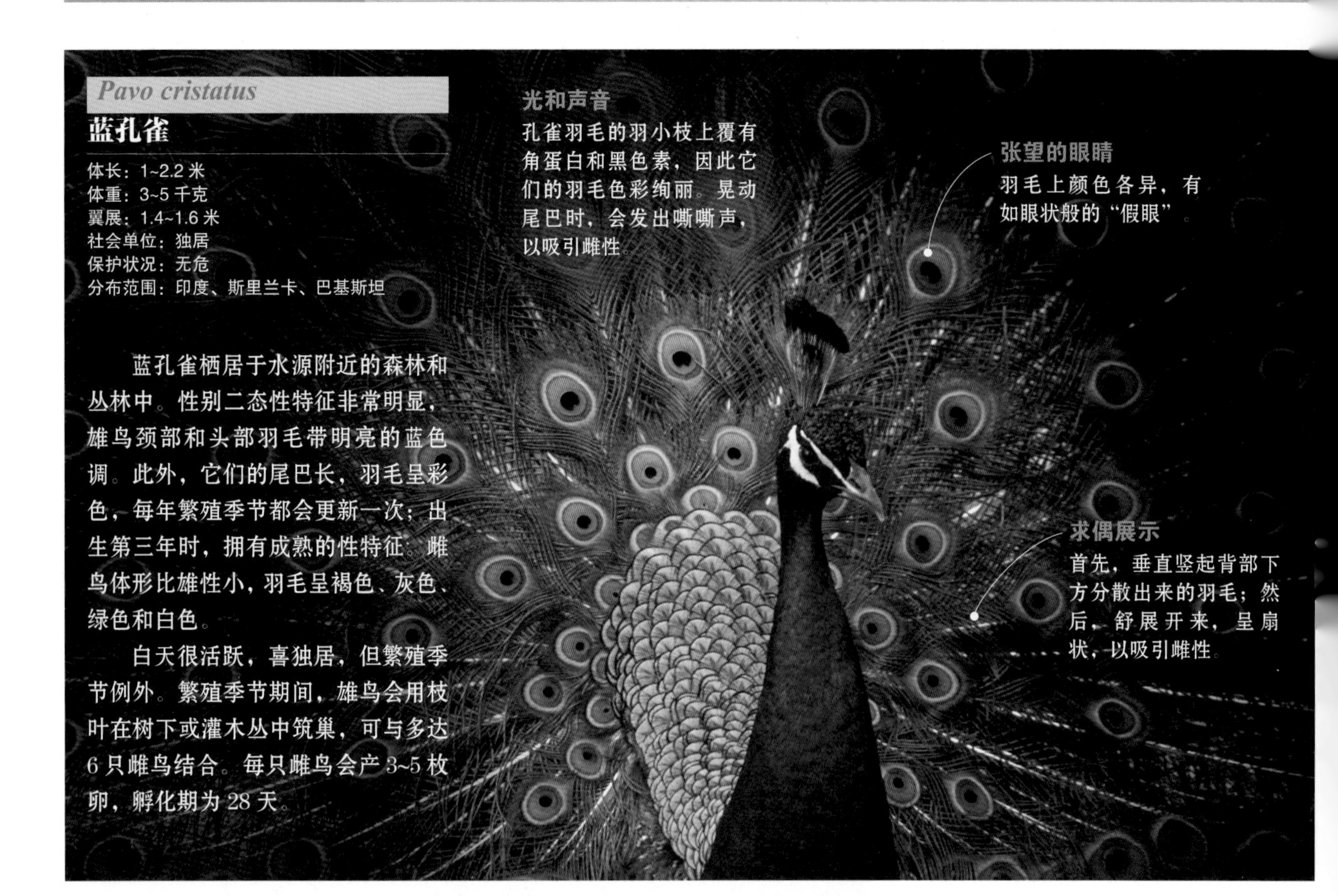

Chrysolophus pictus

红腹锦鸡

体长：0.64~1.10 米
体重：500~700 克
翼展：40 厘米
社会单位：独居或小群居
保护状况：无危
分布范围：中国

红腹锦鸡栖居于山地森林和竹林中。

雄鸟的羽毛比雌鸟更显眼。雄鸟冠上有软软的羽毛，呈黄色，从喙处到颈后部。侧面及背部部分羽毛呈青铜色，带黑色条纹，另一部分呈绿色。嗉囊和胸部呈深红色。尾巴长达 30 厘米，羽毛呈黑色，带肉色斑。

食物包括昆虫、谷类、浆果、种子和蔬菜。

交配之后，雌鸟在地上的巢穴中产下 6~16 枚卵，孵化期为 23 天。然后照料雏鸟约 4 个月，直至它们长大。

Rheinardia ocellata

凤头眼斑雉

体长：0.75~1.1 米
体重：未知
社会单位：数据缺乏
保护状况：无危
分布范围：马来西亚、老挝、越南和亚洲东南部

凤头眼斑雉栖居于热带雨林，体形大。雄鸟突出之处在于尾巴长、羽毛为黑色及褐色，带白色调，而雌鸟羽毛呈褐色，带白斑。

求偶期间，雄鸟将头往后倾斜，发出独特的尖叫声，跳起来吸引雌鸟。在地面筑巢，雌鸟通常产 2 枚卵，孵化期为 25 天。

Gallus sonneratii

灰原鸡

体长：40~80 厘米
体重：700~800 克
社会单位：小群居
保护状况：无危
分布范围：印度

灰原鸡属于雉科，是家鸡的亲缘鸟。头部、颈部和嗉囊呈黑色，带灰色条带；脊背和翅膀带红棕色调。尾巴羽毛浓密，形似镰刀。雄鸟羽毛颜色比雌鸟明亮。雌鸟腿长且粗，呈黄色，无鸡距。早晨和晚上雄鸡发出响亮的啼叫声。雌鸟产 4~13 枚卵。

Gallus gallus

原鸡

体长：40~80 厘米
体重：2~4 千克
社会单位：群居
保护状况：无危
分布范围：印度、中国、马来西亚、菲律宾和印度尼西亚

原鸡适应各种各样的环境，如不同气候和海拔的森林，甚至人类居住区附近。与家鸡相似。公鸡鸡冠呈红色，头部、嗉囊和颈部羽毛为橙色。身体其余部分呈黑色、蓝色、绿色和白色，在阳光下泛特别的光泽。雌鸟体形比雄鸟小，色彩较单调，呈褐色，在巢穴中不易被发觉。食物包括谷类、昆虫、果实、竹子、蜘蛛、蛇和蜥蜴。喜群居，公鸡为领头者。

繁殖阶段
春季和夏季，雌鸟每天产1 枚卵。孵化期为 21 天。

白天的歌声
公鸡发出声音，旨在吸引母鸡、发出警告以及占领领地。

Tragopan temminckii

红腹角雉

体长：0.75~1.1 米
体重：1~1.1 千克
社会单位：独居或成对
保护状况：近危
分布范围：印度和中国

红腹角雉独自或成对栖居于山林中。雌鸟羽毛呈黑色、灰色及褐色，易与环境混淆。而雄鸟羽毛却更显眼，头呈黑色，两侧为深蓝色，身体其余部分呈红色。尾巴呈褐色。喙短。

食物包括种子、果实、昆虫、植被和浆果。用叶子和树枝在距地面几米高的树上筑巢。

求偶过程中，雄鸟会发出一系列类似尖叫的声音，一次比一次强烈。雌鸟会在窝中产 3~5 枚卵，孵化期约为 1 个月。雏鸟出生时，体形大，且发育良好；出生数日后，便可飞行。

求偶展示
雄鸟展开面部和颈部的蓝色羽毛及紫斑，并展示两个小“角”。

羽毛
雄性身体大部分呈红色，带有黑色轮廓的白色斑点。

Perdix perdix

灰山鹑

体长：25~30 厘米
体重：405 克
翼展：45~48 厘米
社会单位：群居
保护状况：无危
分布范围：欧洲

灰山鹑又被称为灰色鹧鸪。栖居于山区或高原地区的草原和灌木丛中。体形小而圆，嗉囊和胸部羽毛呈灰色，脸和颈部有褐色条带。雄鸟腹部有倒置的“V”形深色斑，雌鸟斑点面积较小或无斑点。以谷物、昆虫和植物为食。春季，雌性用草和枝丫筑巢，可产 10~16 枚卵，孵化期为 3 周。

Tympanuchus cupido

草原榛鸡

体长：40~44 厘米
体重：860 克
社会单位：群居
保护状况：易危
分布范围：美国

草原榛鸡的体形中等，粗壮，翅膀和尾巴呈圆形，羽毛呈褐色和白色。雄鸟眼睛和颈部侧面有一块皮肤羽毛张开。颈部其余部分羽毛呈白色和奶油色。雌鸟体形比雄鸟小，颈部侧面羽毛更长，但没那么显眼。食物包括果实、种子、昆虫和植被。只要有足够的食物，则可忍受降雪、降雨、火灾及干旱是对其繁殖造成影响的主要因素。栖居于草原和森林中，随着种植面积的增加，有些也栖居于农作物区，虽然它们更偏好适合休息和繁殖的自然环境。人类捕杀草原榛鸡以及对其自然栖息地的破坏，威胁着它们的生存，造成其数量的急剧减少。

争斗
雄性会为了保卫领地而与竞争对手展开争斗。

求偶及繁殖
雄鸟展示皮肤和颈部两侧的囊；竖起繁殖羽和尾巴，发出洪亮的声音。交配后，雌鸟筑巢，产下12~14 枚卵。

Lagopus lagopus

柳雷鸟

体长：40~43 厘米
体重：450~600 克
社会单位：群居
保护状况：无危
分布范围：北美洲、欧洲和亚洲

季节变化
冬季，羽毛几乎全为白色。腿部羽毛起御寒作用。

性别二态性
雌鸟颜色较深，可以更好地隐藏在栖息环境中。

柳雷鸟栖居于植被茂密的寒冷和潮湿区域，如针叶林、苔原和杨柳丛生的灌木丛中。体形粗壮，腹部和翅膀羽毛呈白色，背部大部分呈褐色。眼睛上有红色标记，雌性羽毛颜色较深。用草、叶子和羽毛在树干、植被或岩石洞中筑巢。雌鸟产 7~12 枚卵，孵化期间，雄性负责照料和看守领地。雏鸟出生 3 周后离巢。雏鸟出生后短时间内即能独立觅食，初期主要摄入昆虫。成鸟以花、昆虫和桤木及柳芽为食。

Tetrao urogallus

松鸡

体长：0.7~1.1 米
体重：2~4.5 千克
社会单位：独居
保护状况：无危
分布范围：欧洲

松鸡栖居于针叶林和落叶林中。存在明显的性别二态性特征：雄鸟羽毛呈黑色，泛绿光，带白斑，眉毛上有红色标记，翅膀羽毛呈褐色；雌鸟体形较雄性小，羽毛呈棕色和白色，带斑点。雌雄双腿侧面均有鳞片，为其在湿滑的地面上行走时提供支撑，避免摔倒；且腿部有羽毛，可御寒。食物包括昆虫、蜘蛛、蜥蜴、果实和小蛇。

求偶期间，雄鸟会进行展示，早晨，它们站在一个点上，连续唱几小时的歌。通常会因领地问题而展开激烈的争斗。交配之后，雌鸟产 5~12 枚卵。

Alectoris rufa

红腿石鸡

体长：35~40 厘米
体重：450~525 克
翼展：50~60 厘米
社会单位：群居
保护状况：无危
分布范围：欧洲

雌鸟体形较雄鸟小。头部和嗉囊羽毛呈白色，从眼睛至颈部有黑色条带（较雄性大）。喙及眼睛周围呈红色。身体其余部分红棕色，侧翼呈白色。腿呈红色，雄鸟有鸡距。以无脊椎动物、种子、花及叶子为食。栖居于森林、山区和田地中。

可进行短时间快速拍击飞行，但飞行高度较低。在地面上奔跑速度快。以集群聚居，觅食时，由一只红腿石鸡监视周围环境。早晨、傍晚以及与队伍走散时，会发出特别的叫声。

Lophortyx californica

珠颈斑鹑

体长：23~27 厘米
体重：200~230 克
翼展：32~37 厘米
社会单位：群居
保护状况：无危
分布范围：北美洲西部、阿根廷及智利

珠颈斑鹑因其头上具备独特的冠羽而易识别，雌性冠羽较雄性小。雄性羽毛大部分呈灰色，腹部羽毛呈乳白色，带黑边，外观形似鱼鳞片。雌性体形较小，羽毛颜色较深。

主要以种子、叶子、谷物、浆果为食，也吃昆虫、毛虫和田螺。通常以集群聚居，但繁殖季节除外，在此期间成对聚居。雌性产 18 枚或更多的卵，有时两只雌性共用一个巢穴。雌性孵卵期间，雄性看守领地；若雌性不孵卵，则雄性会代以孵化并抚育雏鸟。它们在树上休息，时刻保持警惕，避免离开丛林或灌木而暴露在开放区域中。遇到危险时，快速奔跑或快速拍击飞行，速度几乎为 100 千米／小时。

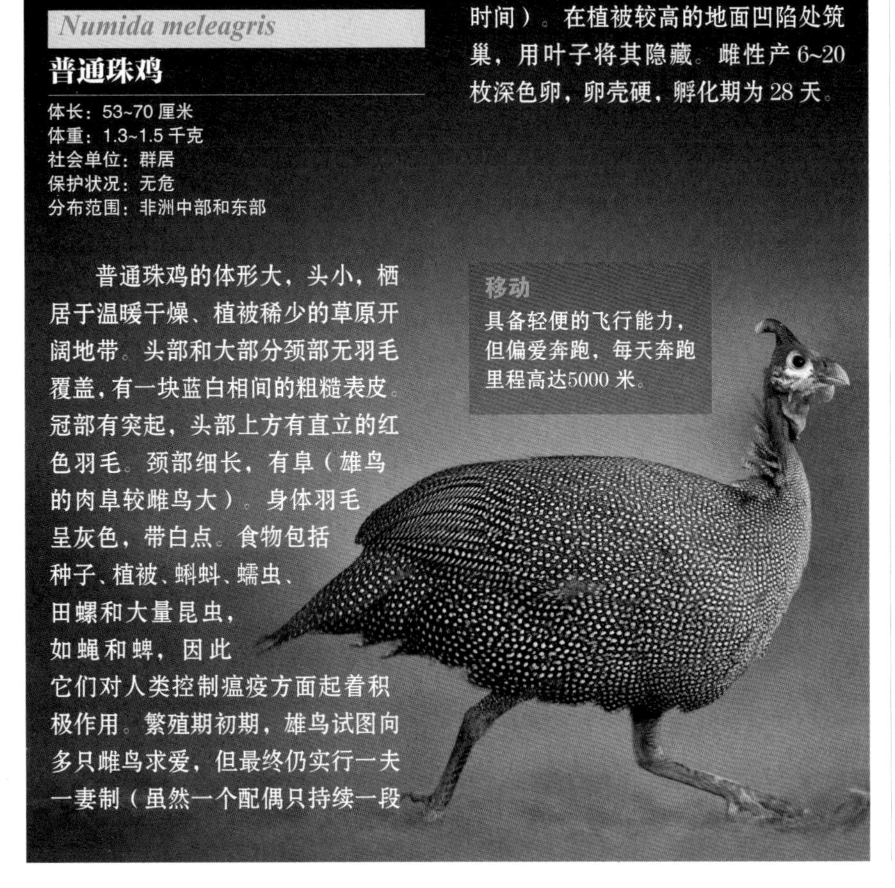

Numida meleagris

普通珠鸡

体长：53~70 厘米
体重：1.3~1.5 千克
社会单位：群居
保护状况：无危
分布范围：非洲中部和东部

普通珠鸡的体形大，头小，栖居于温暖干燥、植被稀少的草原开阔地带。头部和大部分颈部无羽毛覆盖，有一块蓝白相间的粗糙表皮。冠部有突起，头部上方有直立的红色羽毛。颈部细长，有阜（雄鸟的肉阜较雌鸟大）。身体羽毛呈灰色，带白点。食物包括种子、植被、蝌蚪、蠕虫、田螺和大量昆虫，如蝇和蜱，因此它们对人类控制瘟疫方面起着积极作用。繁殖期初期，雄鸟试图向多只雌鸟求爱，但最终仍实行一夫一妻制（虽然一个配偶只持续一段时间）。在植被较高的地面凹陷处筑巢，用叶子将其隐藏。雌性产 6~20 枚深色卵，卵壳硬，孵化期为 28 天。

鹤及其近亲

门：脊索动物门

纲：鸟纲

目：鹤形目

科：11

种：212

这是一个多系属，具备多种多样的形态特征。通常，其成员有和身体成比例的长腿，喙侧有裸露的皮肤斑块。鹤形目的分布遍布全球，其中包括鹤（鹤科）、秧鹤（秧鹤科）、喇叭声鹤（喇叭声鹤科）、叫鹤（叫鹤科）及鸨鸟（鸨科）。

Anthropoides virgo

蓑羽鹤

体长：0.85~1 米
体重：1.8~2.7 千克
翼展：1.55~1.8 米
社会单位：群居
保护状况：无危
分布范围：亚洲、欧洲和非洲北部

蓑羽鹤是鹤科中体形最小的一种。繁殖羽色泽均匀、离散，呈银灰色，有助于其混迹在植被中。拥有迁徙习性，可进行长途跋涉，期间不摄入食物也不在栖木上休息。冬季，栖居于非洲北部和印度；秋末，飞往亚洲中部和东部进行繁殖。栖居于各种各样的环境中，如草地、草原、热带稀树草原和半荒漠地区，但总是在河道附近。

繁殖行为
求爱行为包括跳跃、奔跑、短途飞行、捡起周围的物体进行投掷等。

实行一夫一妻制和配偶终身制。求爱过程中，发出异常的叫声，通过这种叫声与异性建立联系，并刺激雌性的卵巢发育。繁殖期在雨季。在干燥的开放区域筑巢，有时也用草和小石头围住巢穴。每窝有 2 枚卵。雌雄鹤轮流孵化。雏鸟出生后，与亲鸟一同居住 8~10 个月，直至下一个繁殖季来临，然后开始独立。通常，生长 4~8 年后会拥有成熟的性特征，可活 20 多年。

Grus grus

灰鹤

体长：1.15 米
体重：4.5~6.1 千克
翼展：1.8~2 米
社会单位：群居
保护状况：无危
分布范围：欧洲、亚洲、北美洲和非洲北部

灰鹤是全球分布最广的鹤。大部分羽毛呈深灰色，飞羽呈黑色。每两年羽毛会全部更换一次。灰鹤头枕区无羽毛，皮肤裸露。

拥有迁徙习性，繁殖季结束后，成群地向气候更温暖的区域迁徙。实行一夫一妻制。每一对都占领大片领地，通常每年都使用同一个巢穴。相互之间通过类似喇叭声的声音来进行交流。

Grus leucogeranus

白鹤

体长：1.4 米
体重：4.9~8.6 千克
翼展：2.1~2.3 米
社会单位：群居
保护状况：极危
分布范围：西伯利亚、俄罗斯、中国和印度

白鹤的面部无羽毛，呈深红色。几乎全身羽毛都为白色，初级羽毛呈黑色，但仅在飞行过程中才可见。腿呈红色，虹膜呈黄色。

所有鹤之中，白鹤的迁徙路途最长，接近6000千米，穿过喜马拉雅山脉。繁殖季节，栖居于西伯利亚寒冷的浅水湿地及俄罗斯的其他区域；在中国或印度的多雪地区过冬。雌性产2枚卵，但只有1枚可以存活。用碎草筑巢，高度为12~15厘米。雌雄白鹤共同孵卵，孵化期约为1个月。叫声像笛声般悠扬。求偶过程中，雌雄白鹤会齐奏一曲。

保护

位于中国中部长江三峡水电站的运行，一定程度上影响了白鹤越冬的自然栖息环境。

细长的喙

面部无羽毛，使其可以取食水下的生物和地下的植物根茎。

Balearica regulorum

东非冕鹤

体长：1~1.1 米
体重：3.4 千克
翼展：1.8~2 米
社会单位：群居
保护状况：易危
分布范围：非洲中部及南部

东非冕鹤的头上有金色冠羽，面部呈黑色，两侧有白斑。尾羽呈巧克力棕色和黑色。腿呈黑色，有一逆趾，使其能在树上栖息。

栖居于湿地、开放性淹没草原、河流或沼泽中。食物丰富，包括草、浆果、种子、昆虫、两栖动物、鱼类和小蜥蜴。常与大型哺乳动物一起活动，以便捕捉沿途跳跃的昆虫。

实行一夫一妻制。求偶行为包括跳舞和声音展示。繁殖季节与雨季对应。偏好在湿地中较矮的树上筑巢。用植物纤维搭建一个直径为50~90厘米的圆形平台。雌性最多可产4枚浅蓝色的卵，孵化期约为1个月。雏鸟为早成鸟，出生12小时后即会在巢穴附近的水中游水及漂浮。

身体语言

进行独特的视觉展示，以吸引异性或威慑竞争对手。

喉部的褶皱

喉部有一簇红色胡须。

羽毛

身体羽毛大部分为珍珠灰色，翅膀羽毛呈白色、金色、棕色和黑色。

Grus japonensis

丹顶鹤

体长：1.5 米
体重：7~12 千克
翼展：1.1 米
社会单位：群居
保护状况：濒危
分布范围：亚洲东部

雏鸟
雌鹤产2枚卵，孵化期为30天。

丹顶鹤栖居于湿地、沙漠、森林和大量岛屿中。寿命最长可超过30年，圈养的话，最多可活50年，因此在不同文化中，尤其是亚洲文化中，它们被视为好运及长寿的象征。

食物

食物多样，包括植物、鱼类、昆虫和沼泽地带、湿地中的爬行动物。

求偶和繁殖

求偶舞蹈加强了一夫一妻之间的联系。每一对都需共同筑巢和看护领地，面对捕食者的攻击，它们显示出极大的捍卫领地的决心。它们有这种凶猛的行为是因为地面的巢穴中有卵和脆弱的雏鸟。

单腿支撑
休息时，单腿撑在地面上，可以减少和地面的接触面积，减少身体热量的流失。

擅长舞蹈的鸟

丹顶鹤属于一种原始鸟，无嗉囊。腿、趾和颈都很长，因此适应各种混合环境，便于在不稳定的淹水土壤中行走、觅食。喙长，有助于搜索和发现鱼类、爬行动物和无脊椎动物。丹顶鹤跳求偶之舞时，声音洪亮，加强建立与终身配偶的联系。

声音
丹顶鹤可以发出各种声音，从潺潺声到尖叫声皆有。气管长且有褶皱，有软骨环，可使声音在鸣管中震动并且增强。

羽毛
身体羽毛呈白色且发亮；雄性颈部和翅膀呈黑色，雌性颈部和翅膀则呈灰色。冠部皮肤裸露，并呈红色，向同类表达愤怒时，冠会膨胀。

长气管

胸骨

气管褶皱

隆突

肢体
在泥泞的地面上行走时，又细又长的腿须避免羽毛接触水中的细菌和寄生虫。趾也又长又细，有助于分散身体的重量。

1500 米
丹顶鹤声音最远的传输距离。

喙
喙长，喙端尖利，有助于在泥土中觅食。形似钳子，便于摄入种子和小果实，且避免脸接触泥土；也有助于捕捉鱼和无脊椎动物。
迁徙
它们在觅食区和繁殖区之间进行长距离的迁徙。冬季聚集在富含食物的地区；夏季寻找适合繁殖的地区。每个集群，一般有数百对丹顶鹤，夏季活动于湿润的草原、苔原、高原和森林沼泽中，并开始表明其对性的兴趣。
求偶
鹤拥有许多引人注目的求偶行为。每一对新组建的配偶都会通过舞蹈宣示相互之间的关系。
1 繁殖区域，每只鹤都靠近配偶，收拢翅膀，呈放松姿势。
2 开始拍击翅膀，交替晃动长颈；一只向另一只的方向晃动。
3 结合跳跃、旋转和晃动，更加增强相互之间的联系。
4 求偶之舞跳到高潮时，可跳至3 米高。
5 在幼小的鹤中，舞蹈可能不会产生效果；此时，雄鹤会离开，然后寻找其他雌性。

Otis tarda

大鸨

体长：0.8~1.1 米
体重：3.5~16 千克
翼展：1.8~2.5 米
社会单位：群居
保护状况：易危
分布范围：欧亚大陆

大鸨粗壮，重，会飞，但偏爱在地面行走或奔跑。羽毛呈棕色、白色和灰色，侧面和胸部呈栗色。繁殖季节，雄性会展开颈部长长的白羽毛。飞行中，可以看见翅膀上有大大的白斑。雌鸟体形较雄鸟小。3 月为繁殖季节，期间雄鸟具有更强的攻击性和领地占有欲。求偶时，会跳舞来吸引雌鸟；尾巴直立，展示繁殖羽。一只雄鸟可在同一繁殖季与多达 5 只雌鸟交配。雌鸟产 2~3 枚橄榄色或棕色的卵。孵化期约为 4 周。雏鸟出生后，就可离巢，但仍会与雌鸟生活 1 年。

栖居于开阔的草原，以种子、昆虫和两栖动物为食。

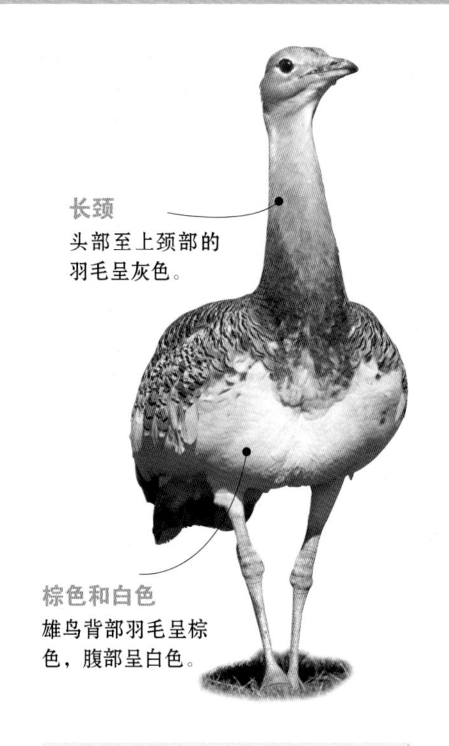

保护状况

死亡率高，栖息环境遭到破坏，促使大鸨数量减少。80％的雏鸟在未满1 岁时就因遭遇自然捕食者攻击而死亡。

Ardeotis kori

灰颈鹭鸨

体长：1.05~1.28 米
体重：5.5~20 千克
翼展：60~76 厘米
社会单位：可变
保护状况：无危
分布范围：非洲东部和南部

灰颈鹭鸨的体形大而粗壮。背部呈褐色，颈宽，带白色和黑色细条纹。头部冠羽呈深色。脸部呈白—褐色，虹膜呈黄色。腹部呈白色。翅膀为白黑相间，休息时可见。独自或成群栖居于开阔的干燥环境，如草原、稀树草原和半沙漠地区。主要以种子和蜥蜴为食，也吃一些坚硬的食物（如石头或骨头），很可能是为了帮助消化。实行一夫多妻制，即一只雄鸟与多只雌鸟交配，然后由雌鸟孵卵（通常 1~2 枚）和照顾雏鸟。孵化期约为 23 天。在地面的草丛中筑巢。雏鸟出生后，雌鸟喂给它们各种食物。3~4 月龄时，幼鸟会飞，但仍会与雌鸟一起生活直到满 12~18 个月。

寻找休息地

虽然栖居于开放地区，但它们也会到水源附近、有树木的地方乘凉。

Porzana porzana

斑胸田鸡

体长：19~23 厘米
体重：90 克
翼展：35 厘米
社会单位：成对或群居
保护状况：无危
分布范围：欧亚大陆和非洲

斑胸田鸡呈棕色，背部、颈部和胸部有黑斑和白斑。头呈棕色，带斑点眉和眼带，面部呈棕色，侧翼带条纹，下腹颜色发白。夏季，在欧洲和东亚进行繁殖；冬季，在非洲和巴基斯坦度过。在浅水湿地植被之间的干燥地带筑巢，每窝有 6~15 枚卵。食物包括水生昆虫、蠕虫、软体动物、蜘蛛、小鱼、藻及各种植物。

Heliornis fulica

日鹇

体长：23~31 厘米
体重：1.1~1.3 千克
社会单位：独居
保护状况：无危
分布范围：美洲大陆（墨西哥至阿根廷）

与䴙䴘相似，但区别之处在于日鹇的喙更坚固、翅膀更尖、尾巴更宽。长颈上有冠和黑色线条。喙呈红色，背部呈褐色，腹部颜色发白。擅长游水和飞行，是敏捷的潜水者。食物包括昆虫、蜘蛛、两栖动物、蜥蜴、鱼类及水生植被。遭遇危险时，快速游水或飞到低矮枝丫上。较害羞，常常隐藏在河道丛林垂落的低矮树枝中。

Eurypyga helias

日鳽

体长：43~48 厘米
体重：180~255 克
社会单位：独居或成对
保护状况：无危
分布范围：中美洲和南美洲

日鳽擅长行走，可在河流和岩石小溪、沙洲和热带雨林及森林沼泽中行走和奔跑。常常独居或成对聚居。色彩艳丽，喙和腿长，为橙色。头呈黑色，带白色线条。背部带橄榄色、褐色和黑色条纹。尾巴呈灰色和白色，有红色和黑色条带。最特别的还属那复杂却漂亮的翅膀，眼睛呈红褐色、黄色、黑色、白色、橄榄色和灰色。以两栖动物、虾类、螃蟹和昆虫为食。雌雄亲鸟共同照料巢穴中的卵。巢穴由植被构成，厚度接近 30 厘米。

Cariama cristata

红腿叫鹤

体长：70~90 厘米
体重：1~3 千克
社会单位：可变
保护状况：无危
分布范围：南美洲东南部

红腿叫鹤擅长行走，腿长，呈红色，因此而得名。羽毛呈棕灰色，腹部颜色较浅。喙呈红色，其上方的冠羽呈灰色。尾巴相对较长，颜色发黑，带白点。成对或以小群栖居于草原、稀树草原和半干旱、半湿润森林中。奔跑速度可达 25 千米 / 小时。在地面或灌木丛以及高达 3 米的树上筑巢，雏鸟出生后即能跳离巢穴。

Aramides ypecaha

大林秧鸡

体长：41~49 厘米
体重：565~860 克
社会单位：群居
保护状况：无危
分布范围：南美洲

大林秧鸡是最常见的秧鸡，且易看见它们的亲缘鸟（秧鸡科）。栖居于富含沼泽植被的水生环境中。声音洪亮，因此而得名。十分擅长行走，头呈灰色，喙呈黄色，虹膜颜色发红。背部呈棕褐色，颈前部和胸部呈灰色，腹部呈肉粉色，尾巴呈深色，腿呈粉红色、红色。每窝有 4~7 枚卵，雌雄亲鸟共同孵化。

Aramus guarauna

秧鹤

体长：54~66 厘米
体重：1.1 千克
社会单位：群居
保护状况：无危
分布范围：中美洲和南美洲

秧鹤形似一只体形较大的乌鸦。仅栖居于富含沼泽植被的环境，可在地面和树上发现其踪影。傍晚会发出低低的独特叫声，类似于“*krau*”，因此而得名。颈背呈黑棕色，带白斑。喙直，呈黄色。飞行时较笨重，主要以福寿螺为食。用那粗壮而强大的喙啄破螺壳，将其吃掉。

Psophia crepitans

灰翅喇叭声鹤

体长：48~56 厘米
体重：1.3 千克
社会单位：群居
保护状况：无危
分布范围：南美洲北部和中部

灰翅喇叭声鹤体形丰满，颈和腿长。喙短，颜色浅；腿呈白色，身体羽毛呈黑色。颈基处羽毛独特，散发虹彩光泽。成群聚居。在树洞中筑巢，雌性最多可产 5 枚卵，由整个家族共同孵化。以果实、昆虫、爬行动物和两栖动物为食。因其洪亮的歌声而得名，面对捕食者时，其歌声被视作一种警告，用于告知其他同类有捕食者。

图书在版编目（CIP）数据

国家地理动物百科全书．鸟类．水禽·猛禽 / 西班牙 Sol90 出版公司著；陈家凤译．-- 太原：山西人民出版社，2023.3

ISBN 978-7-203-12495-5

Ⅰ．①国… Ⅱ．①西… ②陈… Ⅲ．①鸟类－青少年读物 Ⅳ．① Q95-49

中国版本图书馆 CIP 数据核字 (2022) 第 244663 号

著作权合同登记图字：04-2019-002

国家地理动物百科全书． 鸟类． 水禽·猛禽

著　　者：西班牙 Sol90 出版公司
译　　者：陈家凤
责任编辑：魏美荣
复　　审：崔人杰
终　　审：贺　权
装帧设计：吕宜昌

出 版 者：山西出版传媒集团·山西人民出版社
地　　址：太原市建设南路 21 号
邮　　编：030012
发行营销：0351-4922220　4955996　4956039　4922127（传真）
天猫官网：https://sxrmcbs.tmall.com　电话：0351-4922159
E-mail：sxskcb@163.com 发行部
　　　　sxskcb@126.com 总编室
网　　址：www.sxskcb.com

经 销 者：山西出版传媒集团·山西人民出版社
承 印 厂：北京永诚印刷有限公司

开　　本：889mm × 1194mm　1/16
印　　张：5
字　　数：217 千字
版　　次：2023 年 3 月　第 1 版
印　　次：2023 年 3 月　第 1 次印刷
书　　号：ISBN　978-7-203-12495-5
定　　价：42.00 元

如有印装质量问题请与本社联系调换